WAZZ UP

玩转潮玩

INSON宋颖贤
HEBZ何冠辉
——著

创意手办设计与创作全攻略

family

人民邮电出版社
北京

图书在版编目（CIP）数据

玩转潮玩 ： 创意手办设计与创作全攻略 / INSON 宋颖贤，HEBZ 何冠辉著. -- 北京 ： 人民邮电出版社，2025. -- ISBN 978-7-115-66405-1

Ⅰ. TS958.06

中国国家版本馆 CIP 数据核字第 2025E205A6 号

内 容 提 要

本书以“变色龙”系列模型玩具为出发点，向读者介绍了这一系列潮流玩具诞生过程中的各种有趣的故事，包括一些未公开的设计手稿和制作过程，以及从“变色龙”引发的潮玩圈更多的趣味故事。

本书共分为9个部分，Chapter1为“所有的开端”，介绍了WAZZUPfamily的成立过程和在创作“变色龙”系列前的一些有趣的创作；Chapter2为“WAZZUPfamily的井喷式创作”，介绍了最得意的作品和最遗憾的作品；Chapter3为“WAZZUPbaby的诞生”，介绍了WAZZUPbaby的诞生过程；Chapter4为“WAZZUPbaby进化”，介绍了 WAZZUPbaby进化为变色龙的过程；Chapter5为“WAZZUPbaby变色龙不甘寂寞”，介绍了WAZZUPbaby变色龙与多个品牌的联名产品；Chapter6为“WAZZUPbaby变色龙的秘密”，分享了改装玩具的教程；Chapter7为“WAZZUPbaby变色龙的兄弟们”，介绍了将生活中的小物制作成半机械化玩具的过程；Chapter8为“做一个真正的潮玩达人”，介绍了潮玩的相关知识；Chapter9为“WAZZUPbaby keep going”，用图鉴的形式展示了更多有趣的潮玩。

本书内容丰富，图片精美，适合对潮流玩具感兴趣的读者阅读和收藏。

◆ 著　　　INSON 宋颖贤　HEBZ 何冠辉

责任编辑　闫　妍

责任印制　周昇亮

◆ 人民邮电出版社出版发行　　北京市丰台区成寿寺路 11 号

邮编　100164　　电子邮件　315@ptpress.com.cn

网址　https://www.ptpress.com.cn

北京九天鸿程印刷有限责任公司印刷

◆ 开本：889×1194　1/16

印张：10　　　　2025 年 6 月第 1 版

字数：254 千字　　　　2025 年 6 月北京第 1 次印刷

定价：138.00 元

读者服务热线：(010) 81055296　印装质量热线：(010) 81055316

反盗版热线：(010) 81055315

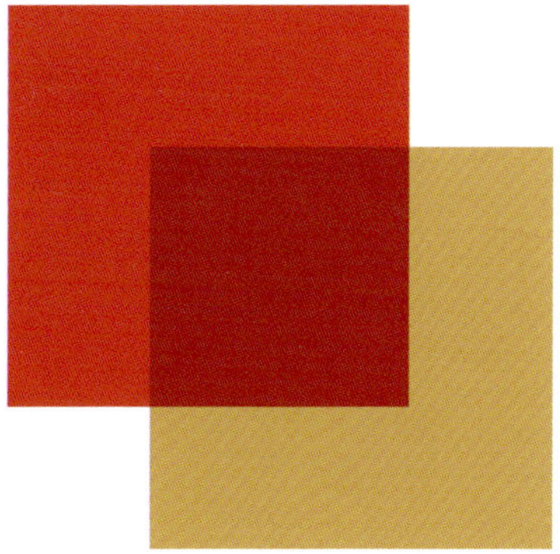

目录

Chapter 1

所有的开端

Part 1 / 成为设计师之前

二十多年前，闷热的教室里，一个男孩在老师的眼皮底下飞快地涂画。这是他在创作连载漫画第二集，读者们都潜伏在他的四周，期待着他的新作。他为这个故事设计了许多精彩的造型，未来飞机、航天器……这些机械在他笔下的故事里，探索着关于时空穿越、迷航、未来的神秘命题。

当时他并没有意识到这部漫画可以成为他整个职业生涯的开端。许多年后，虽然他已经跨进另一个领域，但是这种充满张力的科幻想象依然潜藏在他的作品中，指引着他创作出更具魅力的形象，展现出了中国潮玩的另一面。

在正式踏进潮玩圈之前，INSON 拥有过许多身份。那是还在靠电话拨号上网的年代，

潮流文化才刚刚传入广州，涂鸦、街舞、滑板都是知者甚少的新奇玩意儿，说唱更是受众寥寥。但落后的信息反而激发了他们的求知欲，一批爱好者们热诚又青涩，四处搜集着来自世界各地的各种潮流文化素材。

和 INSON 差不多年龄的广州人，一定对岗顶、大沙头等打口碟圣地不陌生。21 世纪初，欧美唱片市场繁盛，大量的碟片在本土供过于求，为了维持垄断地位，唱片公司选择用锯口、打孔的方式将销售不完的碟片销毁。这些被毁坏的碟片，最终通过各种途径流入中国，而其中受损程度较轻，仍能正常播放的锯口碟片，则会在市场上被二次销售。后来很多人把这些碟片视作“洋垃圾”，但在那个文化资源与信息渠道都很匮乏的年代，这些刻录着国外最新潮音乐作品的碟片，成为国内青少年珍贵的精神食粮。那时，INSON 徘徊于广州各个出售打口碟的小摊，也时常光顾荔湾广场的影像店，在一堆堆五花八门的碟片里淘着与潮流文化沾边的 VCD 和 CD，然后买回家一点点扒素材学习。后来 INSON 收集的素材多了，他又买了自己的刻录机回来刻碟，几乎像在沙里淘金一样，从大量影像素材中找到自己需要的内容。

空气湿漉的夏天夜晚，美院门口“二分天下”，左边烟火气盛，出来摆摊的夜宵推车挤满街道，摊主一边踩着拖鞋把铁锅里的食物颠得上下翻飞，一边瞥着眼看右边穿着怪异的少年。少年们一身千禧年的流行打扮——宽松印花 T 恤和差不多及肩的长发，他们围成圈正在交流国外时下流行的舞蹈动作。当时 INSON 刚开始学街舞，于是他便跟着这群新认识的朋友边学边跳，后来又有很多玩滑板、涂鸦的朋友加入，他们将 INSON 一步步领进街头文化的广袤世界中。

回想起当时的经历，INSON 依然十分怀念。那时信息贫乏，但热爱是真的热爱。爱好者们可以跑遍整个广州找最新的素材，可以只通过口耳相传的方式交流最近流行的新作品，这种完全由热爱支撑的自发热潮是那个时代的常态。而现在互联网越来越发达，街头文化、潮流文化不再遥不可及，许多年轻的家长甚至会主动送孩子去学习街舞、滑板，在街上走一圈就能收到不少兴趣班的传单。但门槛变低后，INSON 反倒觉得背后隐含的热爱被冲淡不少。近几年，他又重新找回曾经一起玩街头文化的那群朋友，聊起过往，这种惋惜感更为强烈。

Part 2 / 走进，逃离

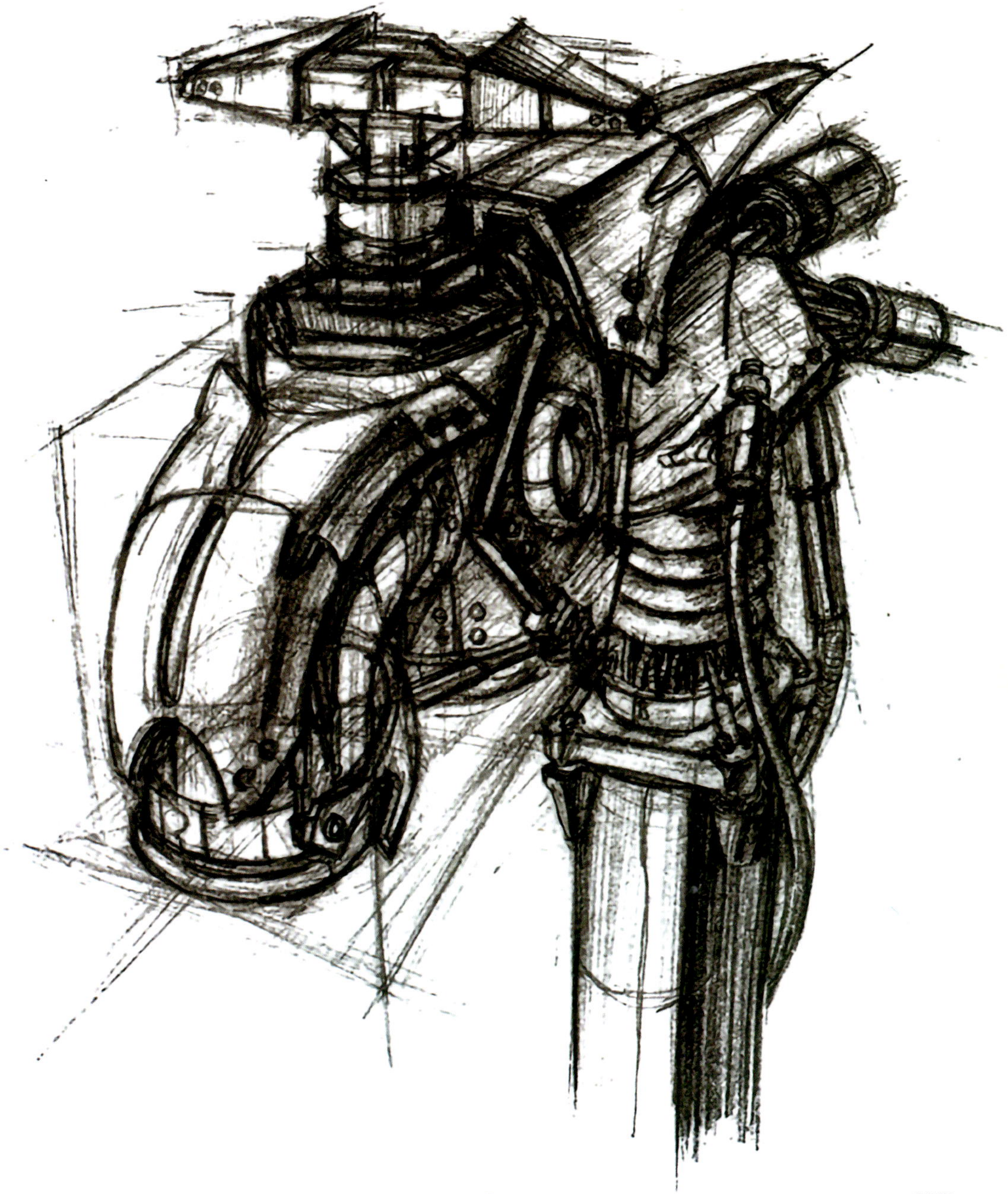

INSON 对玩具设计的兴趣，从小就已经埋下了种子。那时他看《哆啦 A 梦》《铁臂阿童木》，也看《攻壳机动队》，还看科幻电影，对 UFO、金字塔、百慕大三角等话题极其痴迷，这些作品大胆的美学风格对 INSON 的影响颇深。在上大学的时候，INSON 也开始在课程作业中加入很多脑洞大开的创作，手边的草稿纸密密麻麻地画满了天马行空的想法。哪怕已经过去 20 年，在今天看来这些草稿依然是前卫、独特的表达。

慢慢地，二维纸面已经不足以承载他的灵感。他开始尝试用雕塑、建模等方式，把复杂的结构和形态实体化。回看当时的作品，INSON 也会感慨其中的有些技巧过于稚嫩。但这一刻，他已经一只脚迈进了玩具设计的大门。

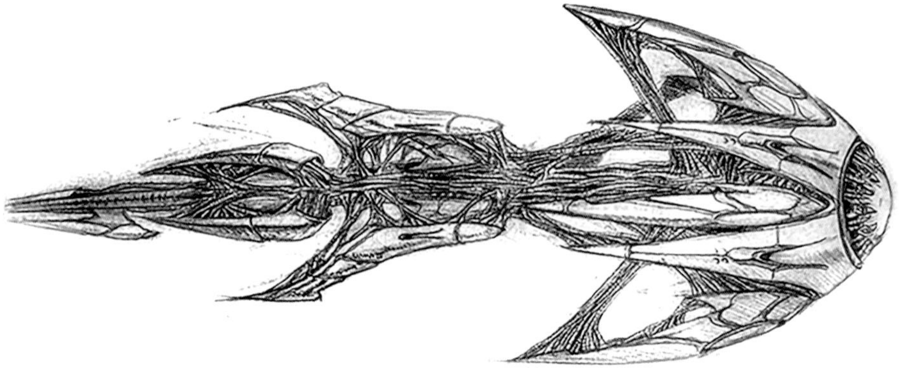

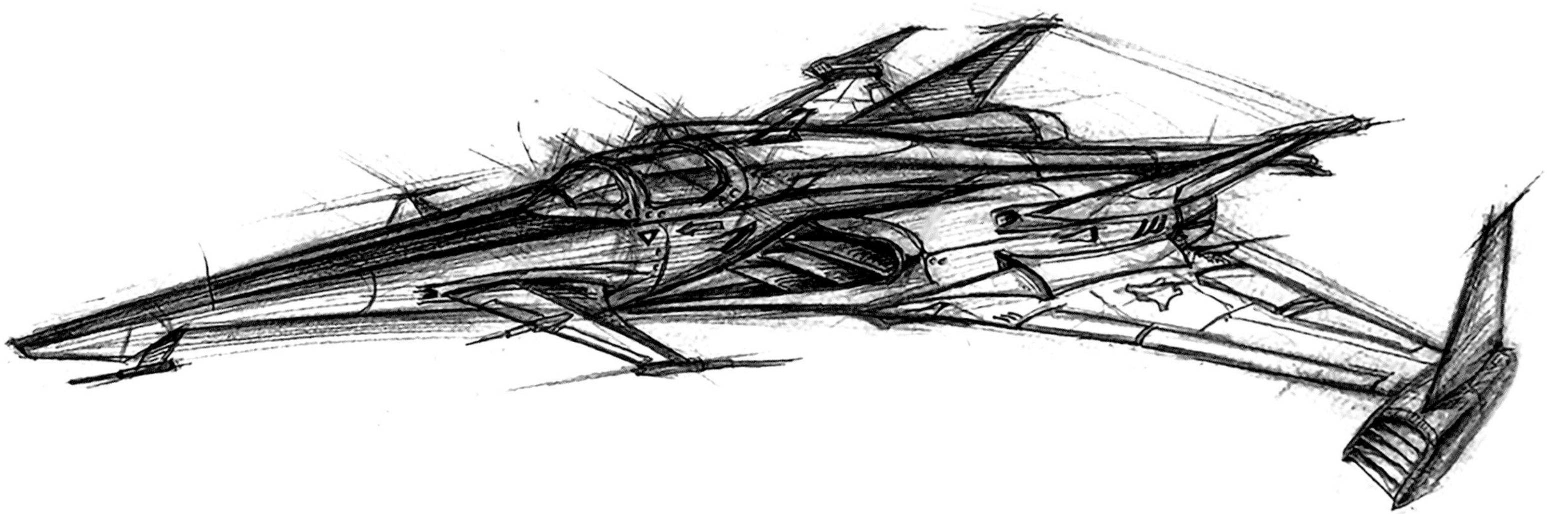

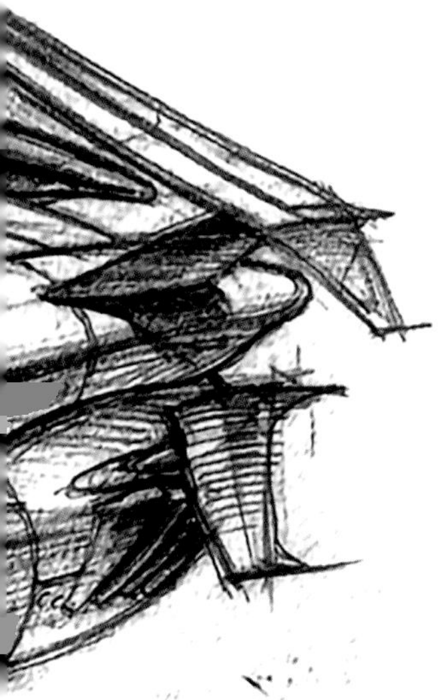

大学毕业前夕，美院出身的 INSON 顺理成章地进入了当时华南地区最大的动漫文化公司工作。那家公司的主力产品线是儿童玩具，INSON 从之前接触的街头潮流文化得到灵感启示，将其应用在公司交付的设计任务中，碰撞出区别于以往儿童动漫套路的新颖设计，并大受欢迎。其中一款是他与其他几位同事主力设计的 IP，这一 IP 今天已经是国产特摄片极具时代记忆的作品，更是成为“00 后”童年阶段的情怀之作。如果继续在这家公司做下去，INSON 今天或许也已经是元老级的人物，但他心里始终有另一个念头。

也是在这段时间里，他遇到了志同道合的朋友——后来 WAZZUPfamily 的联合创始人 HEBZ（B 哥）。当时 B 哥负责平面的玩具设定，INSON 则负责将它进行立体化呈现，互相配合的分工让二人有相当多合作机会，也在长达五年的共事中，挖掘出彼此除玩具外的许多共同爱好。他们可以聊电影，可以聊神秘学，甚至对一些人生价值观有相当一致的理解。在一次闲聊中，B 哥无意间讲了一句话：“我们做了很多别人喜欢的玩具，但好像还没做过自己喜欢的玩具。”这句话瞬间与 INSON 过往十几年的经历建立起了连接，他想起本子上的漫画，想起大学时没有被完美实现的创作草稿，也想到脑海里还有无数个蛰伏的想法等待实现。

INSON 知道儿童玩具无法成为他职业方向的终点，恰好这时有朋友介绍他去另一家新开的颗粒积木公司，那里创作自由度更高。新公司包括 INSON 在内总共只有 3 个人，在那家公司工作的日子里，他每天都在构想各种飞机、四驱车、摩天轮的组合方式，以及怎样玩得更酷、更好看、更有意思。如果要做一个比较，这家公司出品的产品脱离了儿童玩具的范畴，的确比上一家更成熟，然而离他真正想追求的东西还有很远的距离。于是两年后，INSON 的心一横，离开了这家相对稳定的积木公司。

这个看起来有些莽撞的举动，也开启了 INSON 与 B 哥下个故事的元年。

Part 3 / We are WAZZUPfamily

2011 年，大事频生。离“世界末日”预言还有一年，智能手机刚开始普及，微博平台横空出世。根据当时的数据统计，截至 2011 年 12 月底，中国 5 亿网民，有 2.5 亿是微博用户，似乎一夜之间所有人的社交方式都被颠覆。横隔在普通人与世界之间的鸿沟被互联网无声地消除，似乎每个人都能在微博上认识新的朋友，发表对世界的观点。这种新奇与优越感交织的体验，让所有用户沉迷其中。大家开始集体低头“笃玻璃”（点屏幕），哪怕和朋友面对面坐着，也宁愿隔着一个屏幕，和远在千里的陌生网友打交道。

INSON 和 B 哥并不喜欢这样的状态，涂鸦手出身的 B 哥设计了一张贴纸。那是一只头戴棒球帽，拥有圆润躯干和一双细短脚的生物，它张大嘴巴，露出血红色的舌头。B 哥给它起名叫“WAZZUP man”，化用了英语文化中“What's up，man？”的打招呼用语。他觉得这只看上去怪异的生物是在通过自己的方式向外界示好，只是这种朴素的表达，让它在“赛博社交”的人群中显得格格不入。

印了一批贴纸后，INSON 和 B 哥随手派发给周边的人，甚至邮寄给远方的朋友，原意是表达对当时社交环境的一种轻微对抗，也给大家打打气，告诉朋友们“WAZZUP！还有朋友在！”没想到贴纸中隐含的正能量极具感染性，朋友们在收到贴纸后都非常兴奋，其中一位外地朋友更是直接用 WAZZUPman 的元素画了一幅画寄回，表达久违的问候。

一石激起千层浪，INSON 和 B 哥身边的朋友、设计师，甚至陌生的网友纷纷开始创作自己的 WAZZUPman 衍生作品。从插画到原创故事，再到模型，这个形象的衍生作品不断增加，也变得越来越精彩。INSON 和 B 哥兴奋之余，心底又涌现出另一种不满足的念头，这个 WAZZUP man，应该被更多人看到！

几个月后，他们在海珠区一家工作室里举办了一个艺术展，出自各位朋友之手的 WAZZUPman 作品被聚集于此。这个展如同当初那张 WAZZUPman 的贴纸一样，将一群疯狂的、富有创造力的、渴望表达的朋友联系在一起，他们觉得彼此就像一个家庭一样，于是将自己称为 WAZZUPfamily。

后来一直玩音乐的 INSON 又以 WAZZUPfamily 的名义，为 WAZZUPman 写了首歌，将对大家沉迷“笃玻璃”的调侃与劝解变成了节奏感十足的 rap 歌词。

Wazzup Man 同你打个招呼 Wazzup Man 讲埋 how do you do
Wazzup Man 唔好再扮晒 cool what what what what
Wazzup Man 同你打个招呼 Wazzup Man 见到人你要高呼
Wazzup Man 对着全世界高呼
Wazzup Man 我就系 Wazzup Man 喂好耐冇见 同你打个招呼
Wazzup 喂 你有冇 feel 到 撞口撞面都扮睇唔到
究竟点解会咁 讲到嘴都起枕
……

INSON 将这首歌发布到网上，这首调侃微博平台异化社交方式的歌曲，在微博平台迅速走红。那一年微博之夜红人提名，INSON 被受邀上台。当着台下所有微博高管、所有因微博而爆火的博主的面，INSON 再次演唱了这首呼吁大家不要沉迷“笃玻璃”的歌。这一画面带着强烈的黑色幽默意味，也几乎奠定了 WAZZUPfamily 这个团体的核心价值——他们引领潮流，又带着一种固执的稚气，反抗潮流带来的颠覆，在进与守之间表达自己的生存之道。

Chapter 2

WAZZUPfamily的井喷式创作

Part 1 / 最得意之作

在 WAZZUPbaby 出世之前，INSON 陆续以 WAZZUPfamily 为名创作过许多作品。

如果你在 2010 年前后已经是个资深的冲浪达人，那“煎蛋网”你一定不陌生。煎蛋网的 LOGO 像素鸡因为常出现在网站流量超载崩溃的报错页面上，又被戏称为“超载鸡”。超载鸡受到煎蛋网粉丝的狂热追捧，煎蛋网甚至为它制作了纪念 T 恤等周边。彼时，INSON 也是煎蛋网的用户之一，每天看着网站页面跳出的这只可爱的超载鸡，脑海里闪过一万个设计灵感。

受《哆啦 A 梦》《铁臂阿童木》等动画作品的影响，INSON 相当认同具有极大反差感的设计理念，外表看上去线条简单、形象 Q 萌，但内里结构复杂、神通广大。在他看来，超载鸡已经满足“外表 Q 萌”这个要素，接下来要让它变得高能，于是上枪加炮，硬核版超载鸡横空出世。

INSON 将设计图发给煎蛋网的工作人员寻求合作，他的诉求很简单，只求能把这款设计实现出来，后续的销售分成占比无论多少他都能接受。当时玩具还不是一个风口产品，煎蛋网对此反应平平，只回复了一句“你喜欢折腾就去折腾吧，我们不干涉。”言下之意是答应提供授权，但并不打算为其买单，更不会负责生产。

那时 INSON 已经从积木公司离开，在家靠接定制设计服务维生，不仅收入不稳定，还背负着养家的压力，拿不出多余的积蓄。为了让超载鸡有机会面世，他只能亲自去联系以前合作过的工厂，但得到的反馈大多是婉拒。对方拒绝的理由几乎如出一辙——INSON 图纸的内部结构精巧又复杂，需要开模的数量多，成本相对较高。再加上那时市面上又鲜有类似的产品，根本无法预判销售情况。厂家都不愿意冒险，也没有信心能够实现他的设计。

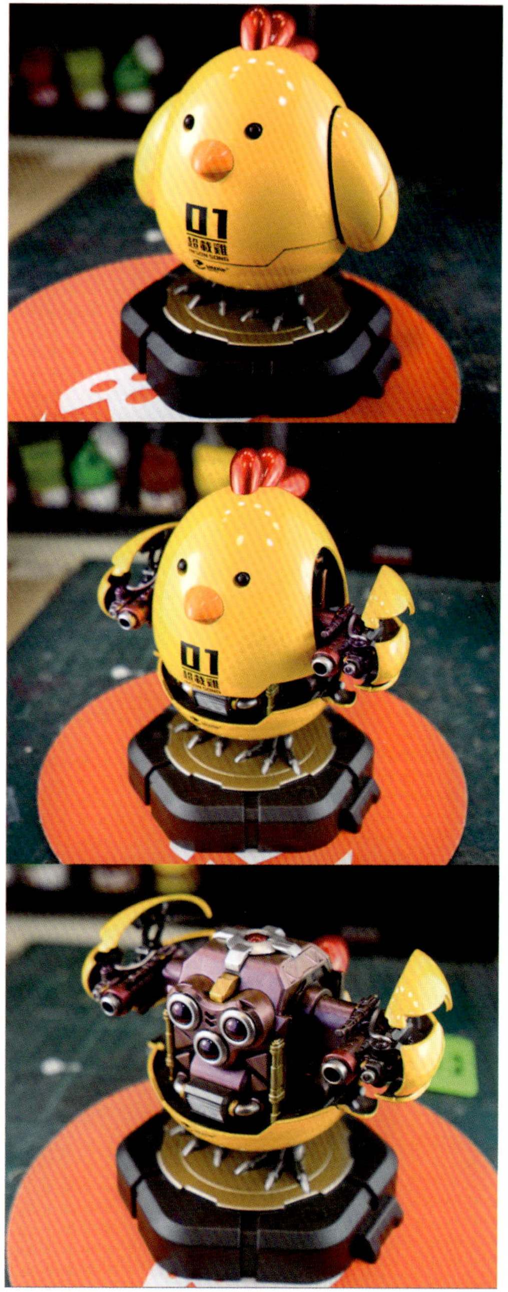
01

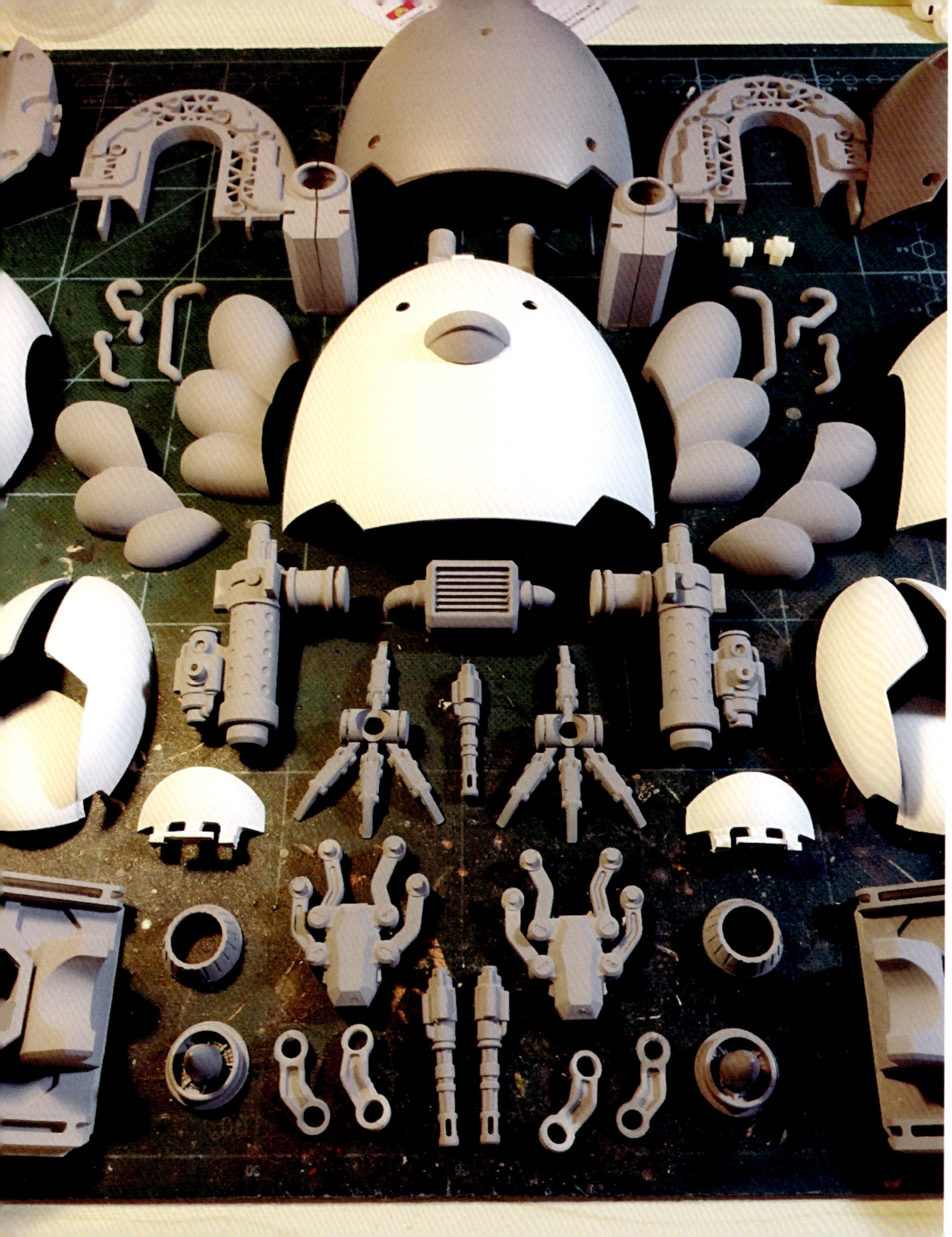

无奈之下，INSON 发了一条微博将超载鸡的设计图分享了出去，也顺便发泄下找不到工厂合作的苦闷情绪。好在命运的转机终于在此发生，短短一晚上的时间，这条微博获得两千多条转发量，他的账号后台涌进了大量私信，表示愿意和他试一试。INSON 延续一贯的行事风格，在私信列表里联系了最快回复的一家。设计图落地的过程确实不简单，为了能完美实现图纸的效果，INSON 和厂商一起打磨了两年，直到 2015 年，超载鸡才正式面世。超载鸡一现世就走红，众多玩具开箱博主对这款设计精巧的玩具赞不绝口。厂商后来又为超载鸡生产了几款不同涂装与配件的衍生款，悉数被抢购一空。超载鸡甚至带着中国设计走出了国门，其中一位著名的粉丝就是日本原型师横山宏。

在这之后，一如 INSON 当初和煎蛋网说过的那样，他并不关注超载鸡的销售情况，也不关心合作厂家给他的账户转了多少钱，他只是心满意足地带着超载鸡参加所有展会，兴致勃勃地向所有朋友、粉丝介绍，他做出了一件多么优质的作品。

Part 2 / 最遗憾的作品

INSON 在大大小小的分享会上展示过许多得意之作，但有一件他同样很喜欢的作品，却很少被提及。

岭南地区降雨量大的气候催生出一种极具地方特色的商住建筑形态 —— 骑楼，上居下铺。INSON 在广东长大，对骑楼有深厚的情结。但同时他也发现了一个现象，家家户户开始装上厚实的防盗窗，钢架被织成一个个将骑楼罩住的鸟笼，住在里面的人犹如“画地为牢”。一贯主张热忱交流的 INSON 对这个情况感到唏嘘不已，于是创作了一片鸟笼里的骑楼，命名为《笼城》。

当时刚好是他职业生涯中的闲置期，有充足的时间投入到自己感兴趣的事情上。他把自己关在家里，没日没夜地打磨作品，他将那段时间形容为“进入了心流状态”。

在创作准备阶段，INSON 先从香港观塘旧区与九龙城寨的建筑群找到灵感。香港寸土寸金，旧城区人口密集，为了争取更高的人口容纳率，建筑群几乎紧紧贴合在一起，视觉效果极具冲击力。

根据骑楼群的排布特点，INSON 先用胶板大致安排好几栋骑楼建筑的布局，然后遇到了最大的难题——防盗窗怎么做。一开始他尝试用铁丝网做，把网的一部分铁丝抽掉，再搭配胶板，希望能还原防盗窗的效果，但显然效果并不好。于是他换了一个思路，想到用卡纸激光雕刻的方法，先用激光切割出平面再拼接。他做了几个桁架打样，效果不错，于是他沿用这个技法做了大量的防盗窗，将其放在楼体上后，老式骑楼的模样便有了雏形。

接下来就是搭场景，将骑楼下街道的天桥与其他建筑补充完整，大体结构完成后，就可以开始上色和增加细节。虽然都用防盗窗把自家笼罩起来，但生活情趣浓厚的广东人，也总会在细节处花心思，为朴素的物件增加色彩。例如，防盗窗底座一定会被摆上几盆花，偶尔网架还会被刷成其他颜色……这些并不显眼的细节里，藏着广式的生活哲学，INSON 也在《笼城》里统统还原了出来。

老城区必不可少的另一个视觉符号是五光十色的灯牌。INSON 仿照老店招牌的字体与配色风格设计了几个招牌，再用打印机打印、贴片、装灯。楼体内容基本完成后，INSON 在表面肌理上尽可能地还原老建筑的真实状态，包括墙脚的青苔、混着水管铁锈的水渍，甚至有用模型碎料堆起的垃圾。

最终成品共有 3 大部分，INSON 为每个部分都接好了 LED 灯，引出导线再汇到一起，形成城区的一角。整座笼城没有放置等比例的人偶摆件，但建筑中留下的被风雨侵蚀与日常生活的痕迹，却绝对能让你相信这是一条老广们居住了几十年的街道。老广们会从地板贴着花砖的房间里醒来，拉开防盗窗后的铝合金窗，给窗台上的花草浇点水。然后穿上人字拖，慢悠悠地下楼找家蒸汽升腾的小店，坐下来吃一碟肠粉当早餐。坑坑洼洼的路上偶尔有汽车驶过，远处高耸的写字楼气势逼人，但骑楼群里的时间好像走得慢一些，不急不躁，不慌不忙。

雪梅家庭
依馬打
保華五金

雪梅家庭
保華五金
WAZZUP
family
全運來賓館
McDonald's

鳳園賓館

雪梅家庭小菜
WAZZUP
family

保華五金
WAZZUP
family
ARBUCKS COFFEE

公开展出的时候，INSON 给整个骑楼群套上了一个铁笼外壳，彻底呼应了《笼城》的主题。

虽然成品已经足够惊艳，但在他的想象中，这个作品还应该更壮观、庞大，然而却只能暂时止步于此，《笼城》也因此成为他设计生涯中最遗憾的作品。《笼城》在北京路展出了一段时间，后来又被邀请到厦门的一家私人博物馆长期展出，每天仍在接受无数观展者的欣赏与赞叹。而 INSON 的想象世界中的“笼城”仍在不断扩张、壮大，和他心底的遗憾一起，等待重见天日的一天。

Chapter 3

WAZZUPbaby的诞生

Part 1 / WAZZUPman

时间回到 2011 年，WAZZUPfamily 展出结束后，INSON 和 B 哥心中的不满足感不仅没有得到安抚，反而更加强烈。他们执着地认为 WAZZUP MAN 不应该只是一个二维的、单薄的形象。那时 INSON 已经开始受到潮流玩具文化的感染，尤其是被称为“潮流玩具教父”的 Michael Lau，算得上是 INSON 在潮玩领域的启蒙者。“所有艺术都是玩具，所有玩具都是艺术”，十多年前，Michael Lau 用这句宣言创造了“潮流玩具”的文化概念，让那些活在平面里的漫画人物在三维世界里站起来，成为更鲜活的立体形象。十多年后，INSON 看着 B 哥画在纸上的 WAZZUPman 草稿，被 Michael Lau 埋下的“理念种子”迅速发芽。WAZZUPman 为什么不能拥有一个三维形象？于是在图形的基础上，他们设法将它立体化，从木雕到树脂，从素体到涂装，WAZZUP MAN 的三维形象逐渐成形。

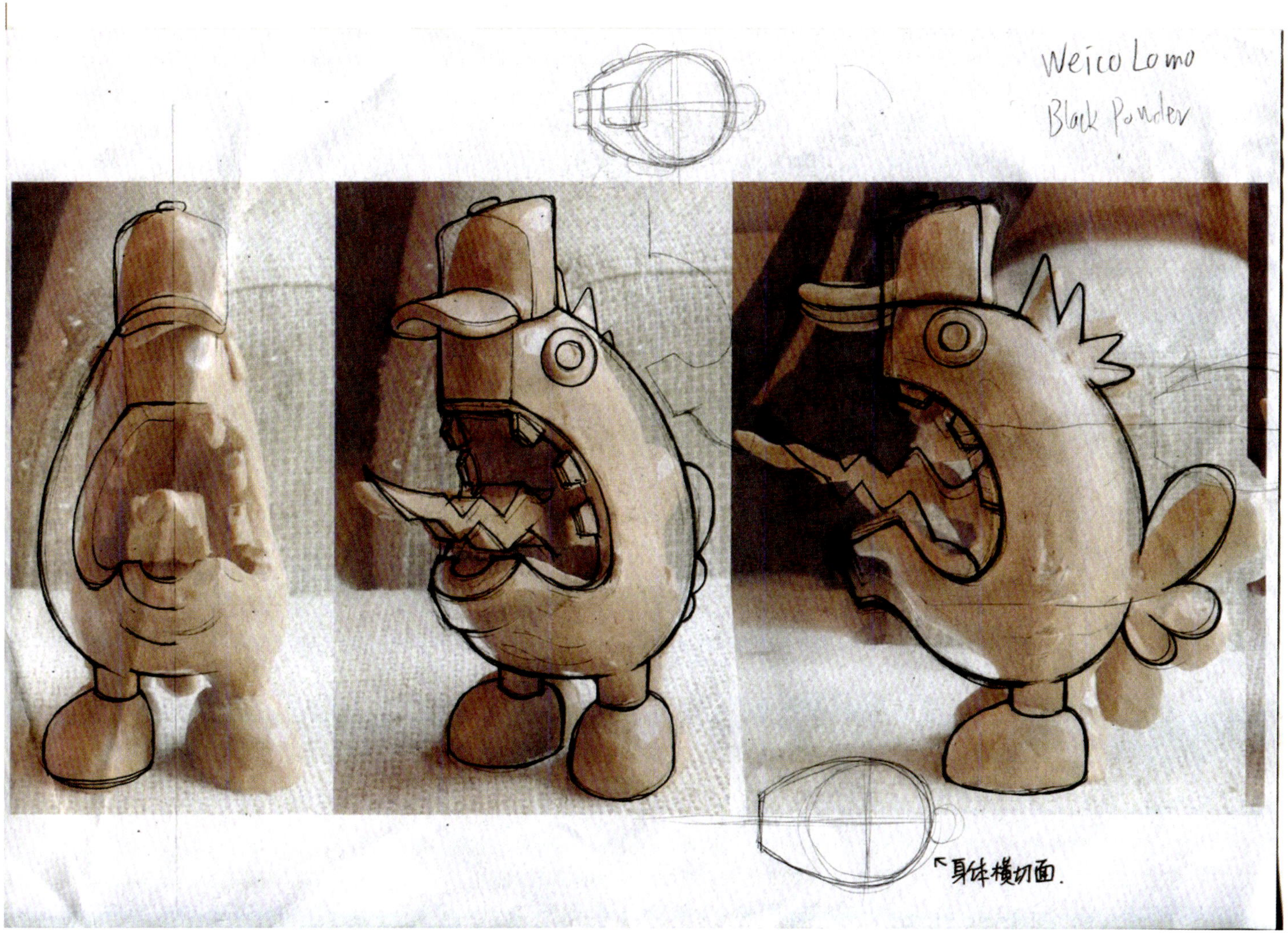

“有想法就有同好，有作品就要展出”，这是 INSON 一直坚信的理念，于是他们带着这个 WAZZUP MAN 玩具去参加了 2011 年的中国原创玩具展。在广州锦汉展览中心会场里，挤满了来自全国各地的玩具爱好者，INSON 和 WAZZUPman 的摊位不大，几块钢板围起一个窄窄的展示架，只摆着 3 款 WAZZUPman 的立体化玩具，在神仙打架的玩具展现场并没有激起太大的水花。

好在，展会结束后，许多报纸媒体纷纷找上门采访报道，当时南方都市报的主笔记者对它不吝夸赞，称“WAZZUPman 替都市人喊出交流的渴望”。WAZZUPman 夸张的形象和极富正能量的故事占据了浅灰色新闻纸的大半版面，显得惹眼又出格。出场即巅峰，所有人对这个独特的形象翘首以待，等着它担起广州本土“国产原创玩具”的大旗，等着它更大的能量与声音。

力撑国产原创玩具

8月21号，一班来自全国各地的原创玩具发烧友齐聚广州锦汉展览中心，可谓是“汇聚创作原动力，释放青年设计能量”为国产原创作奉献

付光玺 / 文

正能量 wazzup man

能够吸收血能量并传递正能量的 wazzup man. 由一帮传达爱和勇敢表现自己的设计师创造，希望每一个人都成为乐天的 wazzup man，向身边发放正能量，每一张因此创作出的作品，都像故事中的 wazzup baby 一样吸掉大家的负能量，让更多的朋友感受到 wazzup man 的能量。

萌系 GARU DA

一个公仔中可以展现很多个不同的故事。外形很 cute 兼有点略萌，整个设计充满原创魅力，亦有不同大小的 size，再经过作者精心手绘上色，将原创精神进行到底，是否会让你眼前一亮，爱不释手呢？

2011年8月28日 星期日 广州日报

YOUNG WEEKLY 潮人类

童年的记忆回想起来总是美好的，旧时住过的屋子、小时候每天都追的动画片或是耗费大把零花钱的高达模型，这些具体的事物一样样串联起来，让我们的回忆缤纷多彩。

然而，随着我们一天天长大，早已搬离了老旧的民宅、电视里正在播出卡通片甚至叫不出主角的名字，而当作宝贝的玩具模型也在不经意间就此流散，追忆逝水年华，玩点“怀旧”，加点“创新”，成了许多模型爱好者们努力的方向。这不，在最近的 HCG 活动上，今年满 10 岁的热炽模型俱乐部给大家带来了不少给力的“怀旧”精品。

图文：记者 杨沈玲 实习生 梁钜聪

2011年9月10日 星期六 南方都市报 广州读本·假日

一张卡通贴纸，引发年轻人的创作热潮

Wazzup Man，让本土玩具更有爱

创作热情源于一张卡通贴纸

Wazzup Man替都市人喊出交流的渴望

之后，WAZZUPman 归于沉寂，再无亮相。

Part 2 / WAZZUP BABY 形态初成

用 INSON 的话说，他们依然在以“WAZZUPfamily”的名义创作，只是也需要回归自己的工作与生活。当时的 INSON 正在积木公司里没日没夜地设计飞机、恐龙、摩天轮，在创作 WAZZUPman 的这段时间里，他同时也在为公司设计大量变形四驱车之类的玩具。INSON 把这类工作概括为“服务型设计”，接到需求，服务需求，产出作品，偶尔在里面引入一些艺术创作者的表达欲望，有时是自己偏爱的元素、结构，有时是自己天马行空的创意与想法。这是个“赚得到钱”的活，但是他真正想做的作品吗？

思维陷入停滞时，INSON 会随手拿过几块胶板叠在一起，随心所欲地雕刻。他很少带着某种明确的目标去创作，大多数时候是任由思维随意浮游，在神经网络中深潜，和他近日看过的，或许不久前输入过的信息碰撞，从而萌生新灵感。他的刻刀迅速地划过板材，一点点雕刻出一个圆润的轮廓，他只是觉得有些眼熟，再回过神时，手里就出现了一个头大身小的古怪生物。

“有点意思！”他脱口而出。这个生物其实 INSON 并不陌生，在那次 WAZZUPman 形象接力创作的过程中，除 WAZZUPman 本体，还无意中诞生了另一个角色。这个只有一张侧脸、很难界定是什么生物的形象，被他们起名为“WAZZUPbaby”，并与 WAZZUPman 一起构建起属于它们的故事宇宙。

「在遥远的宇宙角落，有一颗名为 WAZZUP PLANET 的星球，住着名为 WAZZUPman 的外星生物，WAZZUPman 们热衷于交友，每天都会热情地相互打招呼。WAZZUPman 在星际旅行中无意间来到地球，他喜欢地球的繁华灿烂，却好奇为什么地球上的人类都“木口木面”，互不理睬。于是 WAZZUPman 发明了一只叫 WAZZUPbaby 的小怪物，去吸食人们身上的负能量。当吸食到足够数量时，WAZZUPbaby 就会进化成 WAZZUPman。」

显而易见，这个设定故事的灵感源自 INSON 和 B 哥自己的经历与感想。他们看不惯互联网对朋友间交往方式的冲击，希望现代人回到以往热情灵动的相处中。WAZZUPbaby 的存在，倾注了两位创作者的态度与情感。

实际上，在 WAZZUPman 的立体化玩具备受追捧，四处合作、展出的时候，INSON 就尝试过是否能将 WAAZUPbaby 也立体化。由于 WAZZUPbaby 一开始只有一个扁平的侧脸，他便试着在建模软件里给这个二维侧脸加上一点厚度。“很怪”他摇摇头。过了一段时间，他又尝试给这个“加厚版”的侧脸增加一些细节，可看起来依然相当怪异。INSON 对这个作品完全不来电，最终暂时放弃了将 WAZZUPbaby 立体化的念头。

WAZZUP baby-M

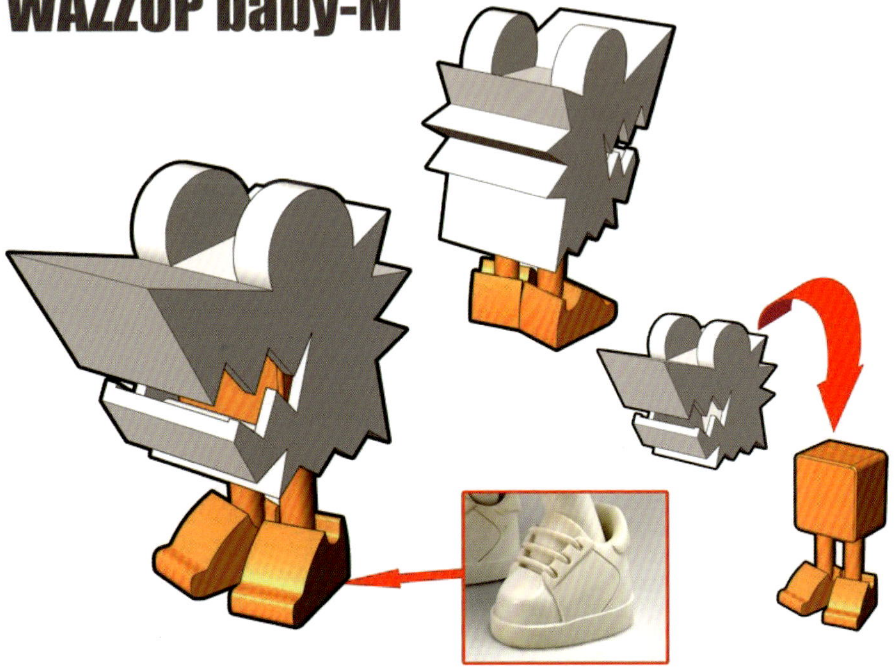

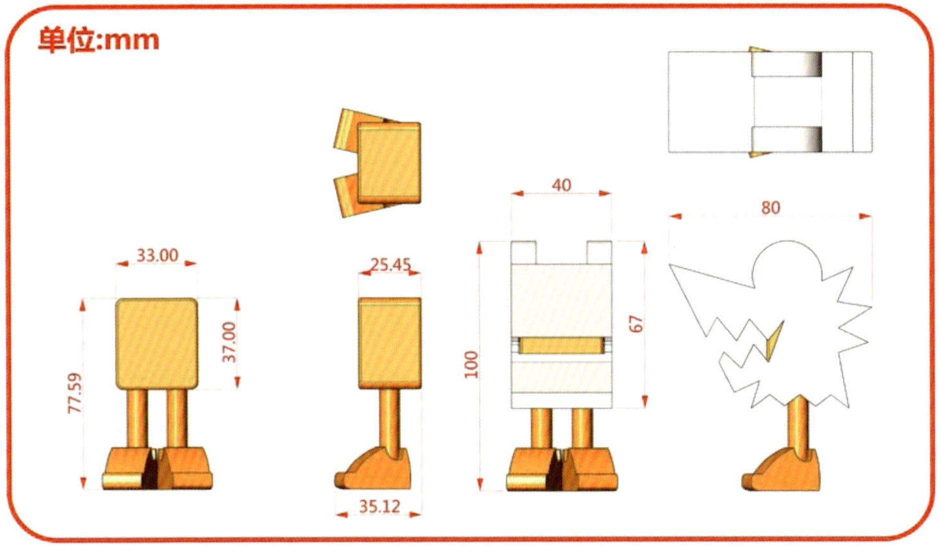

这次被他随手雕刻出来的这个形象则更贴近他想象中的 WAZZUPbaby。INSON 用玻璃珠做出它的双眼，又用铁丝拧成它的手脚，手臂与身体等长垂在两侧，带着一点又酷又丧的气质。他将这个意外的作品拍照发给了 B 哥，两个人意见相当一致，决定开干。开软件、建模，将铁丝缠成的双手细化成拖在地上的反手姿态，眼睛半闭，略带邪气，这便是元祖版本的 WAZZUPbaby。可以说，WAZZUPbaby 的正式诞生没有严谨板正的规划，它是一次偶然的创作，和 INSON 大部分作品一样，充满了随机性。

Part 3 / 并不顺利的首次亮相

按照以往的经历，WAZZUPbaby 立体化完成后，INSON 可能发发微博分享一下就结束了。但碰巧的是，那时正好 INSON 完成了超载鸡的量产，并且卖得还不错，这给了他莫大的信心。他心想，这或许是一次契机，将 WAZZUPfamily 重新带到大众面前。

于是 INSON 和 B 哥又延展了 4 款颜色，带着这套元祖版 WAZZUPbaby 去参加上海、北京与深圳的潮流玩具展。此时，距离上次他们在玩具展上露面已经过去了六七年。展出需要卖货，INSON 和 B 哥自己掏了几千块，找厂商做了 300 只 WAZZUPbaby 的立体化玩具，因为产量太少，成本被平摊到每只玩具身上后，定价远超出市场心理价格。为了节省成本，INSON 和 B 哥在展会开始的前一晚，一路捧着玩具回到酒店，蹲在房间里对着 36 箱 WAZZUPbaby 的零件，开始自己动手组装、封盒、贴牌。忙到后半夜，他们突然觉得自己好像流水线上的工人，忍不住笑了出来，但手上的活还不能停。

那时，他们对三天的潮玩展会还充满期待，相信一定会有不错的收获，也算为 WAZZUPfamily 几年里走走停停的这段路，画上一个体面的句号。最后他们以 220 元一只的价格在展会出售。当时在摊位上展出的，还有 INSON 的得意之作超载鸡和以 WAZZUPfamily 的 LOGO 为原型创作的一系列衍生玩具。WAZZUPbaby 被放在最显眼的位置，用来表达这个玩具对于 WAZZUPfamily 的特殊意义。

然而，现实并没有爽文里开挂的精彩片段，WAZZUPbaby 没能在展会上引起反响，最终只卖出去三只。但对于 INSON 来说，这次展会并不是全无收获。在展会摆摊的最后一天，一个背着手在现场逛来逛去的中年男人突然走过来递上一张名片。巴掌大的白色铜版纸卡片上印着几行黑色小字，其中几个关键词引起了 INSON 的注意——塑胶制品有限公司。INSON 明白这是来找合作伙伴的工厂老板，但两场展会销售接连受挫，INSON 并没太把这件事放在心上，只是将卡片随手收进口袋。

当时 INSON 并不知道，他和 WAZZUPfamily 的命运将从此刻起走向了另一个分岔路口。这位来寻求合作的中年人就是后来 LAMTOYS 的老板。

Chapter 4

WAZZUPbaby进化

Part 1 / WAZZUPbaby 如何成为变色龙

从 2017 年至今，WAZZUPbaby 变色龙已经发布了八代与各种限定系列，它的迭代与成长，串联起 INSON 和 WAZZUPfamily 在这 5 年间的无数变化。当 INSON 尝试回想过往的每一代产品，他发现有 3 个系列，无论如何都不能不谈。

INSON 曾经写过一篇文章叫《影响我设计生涯的电影们》。在他还是那个在老师眼皮底下画科幻漫画的小孩的时候，就已经开始被各种太空、科幻题材的电影影响。电影像他思维宇宙中的一个虫洞，不断带他触及另一种文明，他在虫洞尽头的世界里大发奇想，再把灵感投射在手里的玩具上。电影，是他除了摆弄玩具外的第二大爱好。

2018 年 3 月，《头号玩家》被引进国内，在院线上收割口碑与人气长达整整一个月。那时正好 INSON 和 B 哥带着 WAZZUPbaby 元祖版在展会上受挫，为了舒缓心情，他们决定去看场电影放松一下。电影散场后，他和 B 哥坐在电影院门口闲聊，此时 INSON 被电影造成的冲击还余波未消。《头号玩家》里埋入了大量影视、游戏、动漫作品的彩蛋，让几乎每个年龄段的人都能在电影里找到自己的感动。电影可以如此，玩具为什么不可以?
“我们的 WAZZUPbaby，能不能也埋进一些彩蛋?”INSON 把手里的 WAZZUPbaby 翻来覆去地看了很多遍，它的外形并不复杂，要如何在这样简单的形态中，放进无法被一眼发现的彩蛋呢?
答案藏在题面里，他想到了“变色”。
他首先想起一种涂料，平时是黑色，经加热或者受光后就会褪色，露出底下的彩色涂层。他尝试着简单涂了一下，用普通颜料涂成渐变色后，覆盖上全黑的变色涂料。他将这只黑得轮廓难辨的变色龙放在阳光下，找来一壶热水慢慢倾倒上去。涂料的反应非常迅速，顺着水流方向瞬间消失，五彩迷幻的涂装呈现在阳光下。

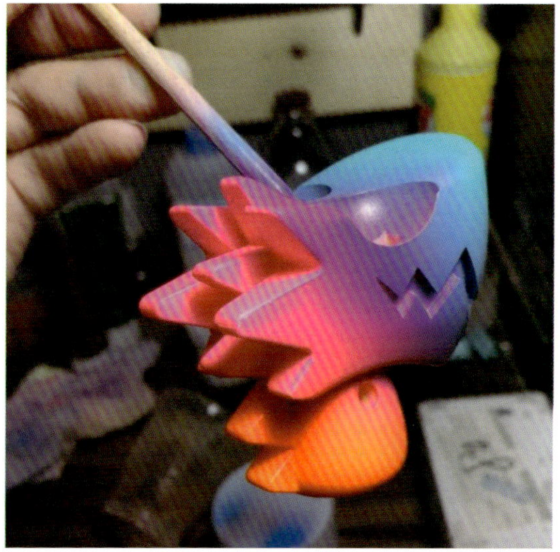

INSON 兴奋得几乎跳起来，这就是属于 WAZZUPbaby 的彩蛋！他迫不及待地希望这款产品能面世，让所有一直关注 WAZZUPfamily 的粉丝们知道，他们做出了一款多么了不起的玩具。吸取上次的教训，INSON 明白光是掏钱生产出来是不够的，定价是买家的最后一道心理防线，他需要想办法压低成本，让定价进入一个合理的区间。

他想起了那张名片。电话联系后，工厂老板对 WAZZUPbaby 信心并不足，虽然爽快地答应帮他们生产 300 套，但实际最后只做出一百多套，几乎折半的货存让 INSON 和 B 哥面面相觑。当时已经是展会开始的前一天晚上，INSON 无心跟工厂争辩，只能先带着一百多套变色龙盲盒，前往北京潮玩展现场。

展会开场，在会场里逛来逛去的人流突然向他的展位聚集，集体盯着这个眼神里带着三分不屑三分调戏的玩具。不到一天，INSON 带来参展的一百多套产品被抢购一空。他们连夜打电话给工厂补货，但依然不能满足第二天汹涌而来的观展粉丝。

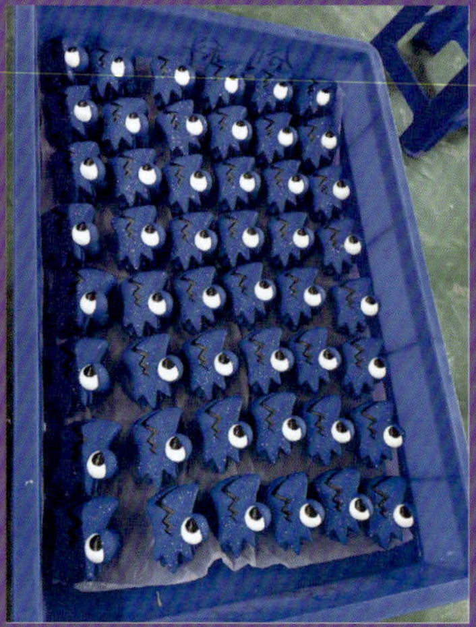

WAZZUPfamily 摊位前的长队排了整整三天，当时有个脾气火暴的大哥，连续来了几天都被告知没货，急得撸起袖子大声抱怨了几句。INSON 抬头打量了一下大哥的身形，还是给他赔了几个不是。大哥愤愤离开后，INSON 紧张又惊喜，沉寂了 7 年，WAZZUPbaby 终于火了。

这个变色款让 WAZZUPbaby 拥有了“变色龙”的昵称。如今，变色龙系列已经成为 WAZZUPfamily 的核心产品线，从刚开始只卖出去三只，到现在已经卖出超过 500 万只。当年在展会上无人问津的元祖版变色龙，如今在二手市场的收购期望价升值至原价的 10 倍。

Part 2 / INSON 的分身

正如一个团体里面总有小透明，第一代变色龙的 6 款里，最热门的两款是变色版，次之是两款透明版，而剩下两只因为设计上相对简单，并不太受玩家欢迎，便成为整套玩具里的小透明款。闲暇无事的时候，INSON 又随手拿过其中一只开始涂涂改改。一开始他并没有什么想法，只是下意识地给变色龙相对朴素的位置加上一些贴纸、眼线之类的装饰，后来做着做着，灵感就来了。

彼时的 INSON 拥有一头极具视觉标志性的脏辫，并常年用一个红黄绿三色的发圈将脏辫束在脑后。脏辫、三色是 INSON 的符号之一，于是他试着把这个符号还原到变色龙上，制作变色龙的第一个设计师同款。

做完之后，他兴致勃勃地发了朋友圈，外出出差、参展时，拍下的照片也必有这只脏辫变色龙的身影。如果依照一开始的设定，WAZZUPbaby 们都有属于自己的世界与星球，那么这只脏辫变色龙就是 INSON 在那个 WAAZUP 世界里的分身。INSON 把自己手上所有一代小透明款的存货全都改成了脏辫龙，并送给身边感兴趣的朋友。收到脏辫龙的朋友们，又会拍照发到社交网络去宣传，久而久之，越来越多的人在问到底什么时候量产这一款。

但要量产这只脏辫龙还真没那么简单。最核心的难点在于那头灵魂脏辫是 INSON 将编织绳剪成小段后纯手工粘贴上去的。为了还原头发的效果，每根发尾还要额外用打火机灼烧后捻细，然后穿上彩色小珠模仿扎捆脏辫的发带。生产线必须能复制出这套工艺效果，才能实现量产。

除此之外，还需要为脏辫龙延展出另外几款设计，凑成 6 款才更方便成套销售。在这个概念下，第六代 WAZZUPbaby 逐渐成形。INSON 和 B 哥在周围朋友身上提取了许多元素，完善出 B 哥同款与其他几个角色，组成 BLACK LABEL 206 系列。这是由一群 WAZZUPbaby 合力创办的潮流厂牌 BLACK LABEL 206，成员包括两位厂牌主脑和 5 位元老成员。他们不断结识并募集各色各样志同道合的伙伴，在 WAZZUP 的平行世界里，履行着和 WAZZUPfamily 一样的使命。这是中国市场上出现的第一个拥有脏辫的潮玩形象，独特的设计受到许多玩家的喜爱，甚至许多对盲盒玩具观感一般的男性玩家也因为这一代相当硬核的设计而入坑。

SHARP
VOLUME
BALANCE
GRAPHIC EQUALIZER
afro

KEEP GOING

从这一代开始，WAZZUPbaby的故事不断被丰富，并与现实世界产生联系，仿佛包括INSON和B哥在内的每个人都能在WAZZUP宇宙里找到一个和自己想法一致的分身。在“元宇宙”概念还没有成为风口热词的时候，WAZZUPbaby已经拥有属于自己的“WAZZUP宇宙”。

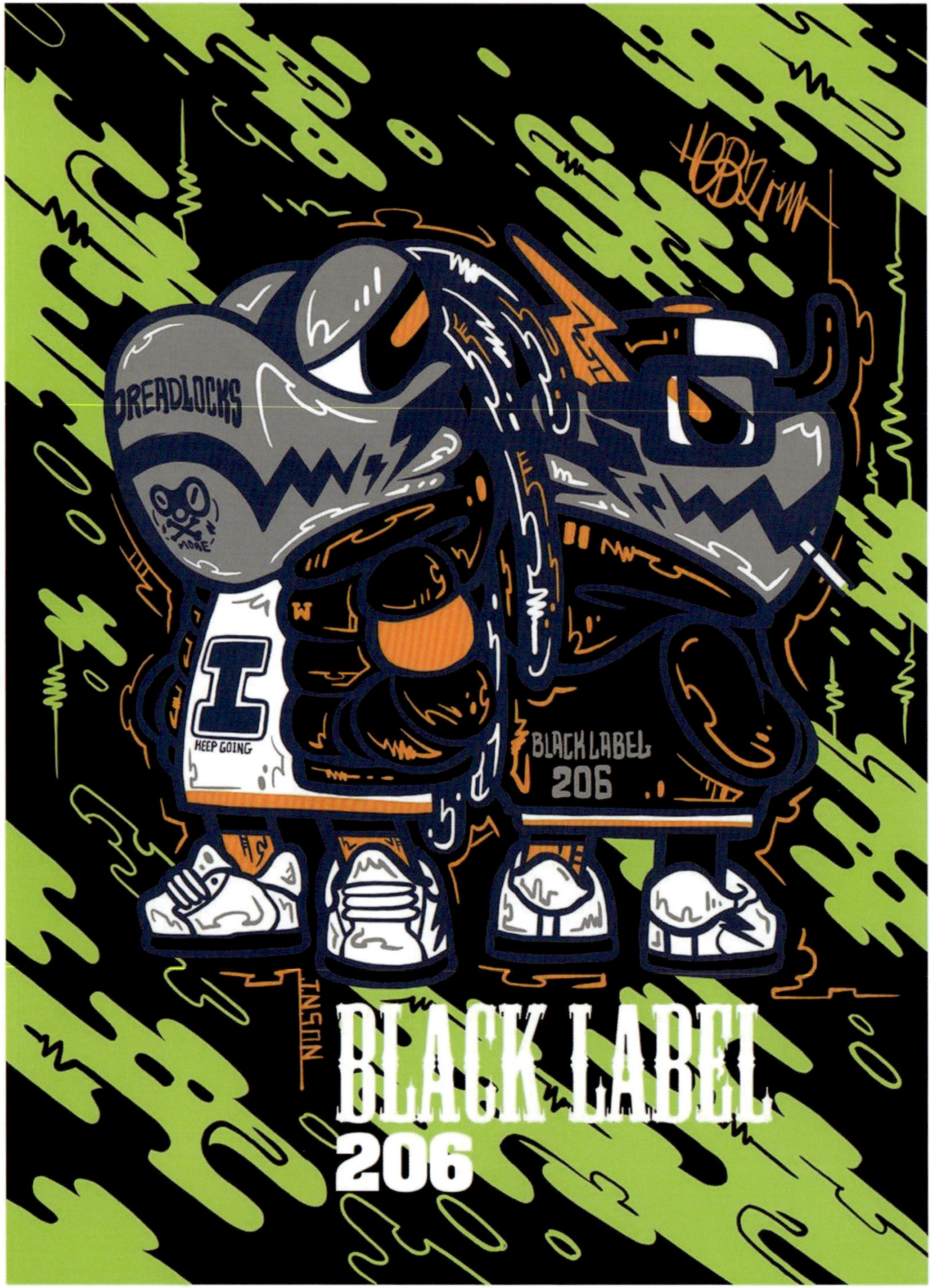

WAZZUP family illustrator by HEBZ

Part 3 / 三十年前的上天梦

还在上学的时候，INSON 的志愿是报考北京航空航天大学，成为飞行员。这个梦想与他从小的爱好一脉相承，受科幻电影与动漫作品的影响，他对宇宙充满好奇和向往，而青空是最接近宇宙的地方。后来因为种种原因，他并没有完成这个心愿，但还是将对飞行的情怀寄托在了作品中。从学生时代画在本子上的漫画，到成为设计师后设计的无数以飞行器为灵感的作品，他似乎依然是儿时那个怀着热忱梦想的小男孩。在 2017 年，INSON 就试过设计太空服形态的变色龙。一开始的想法是直接在变色龙形象的基础上增加宇航服，变色龙手臂太短难以适配宇航服的造型，INSON 就将它的手臂拉长。但最后的形态看上去更像变色龙坐在一个操控机械宇航员的驾驶舱里，不仅失去了变色龙的视觉认知，还没能到达 INSON 的预期。

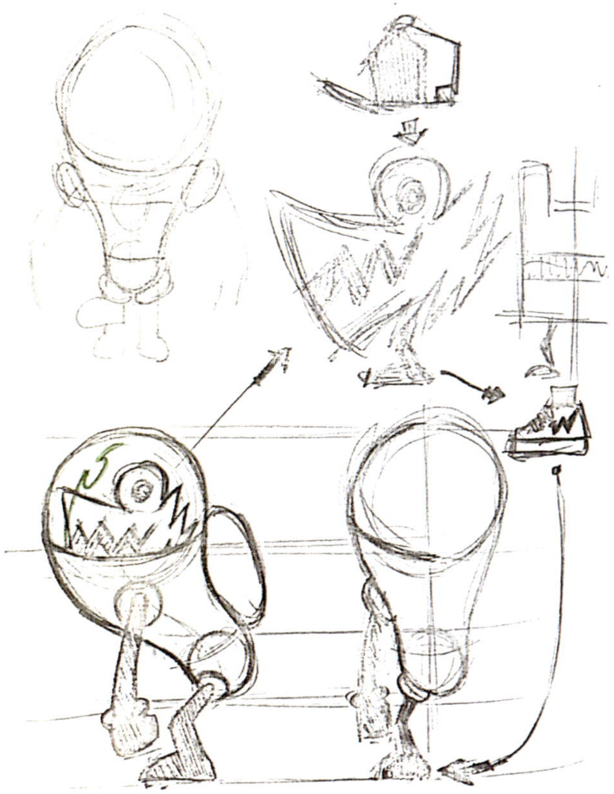

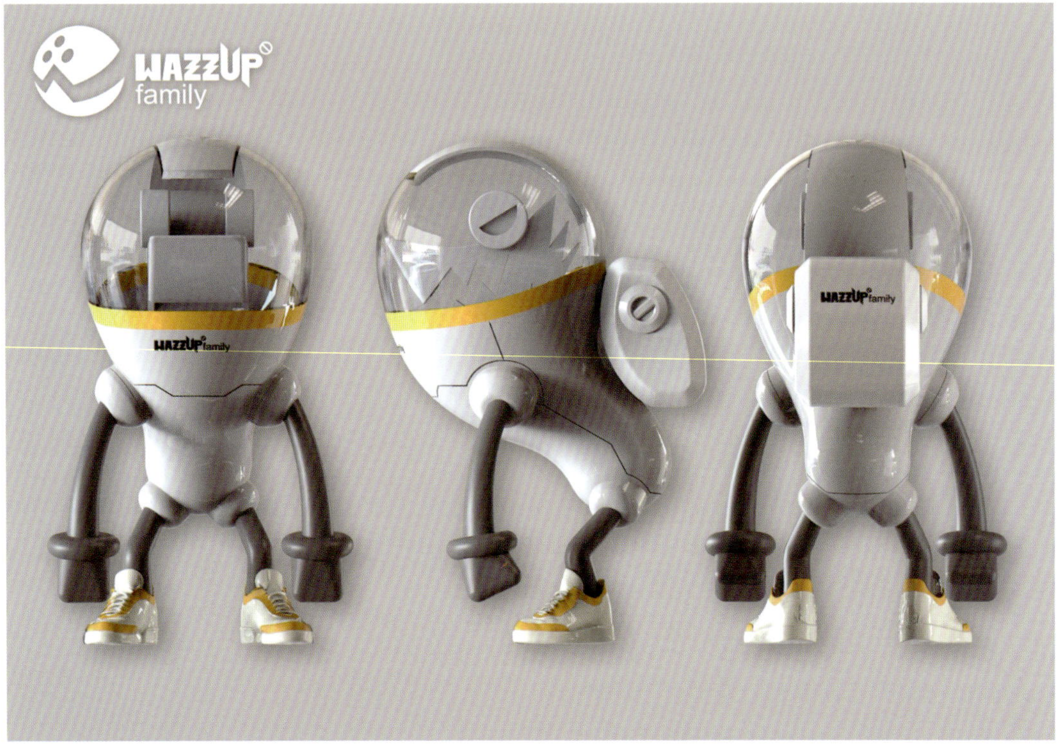
WAZZUP
family

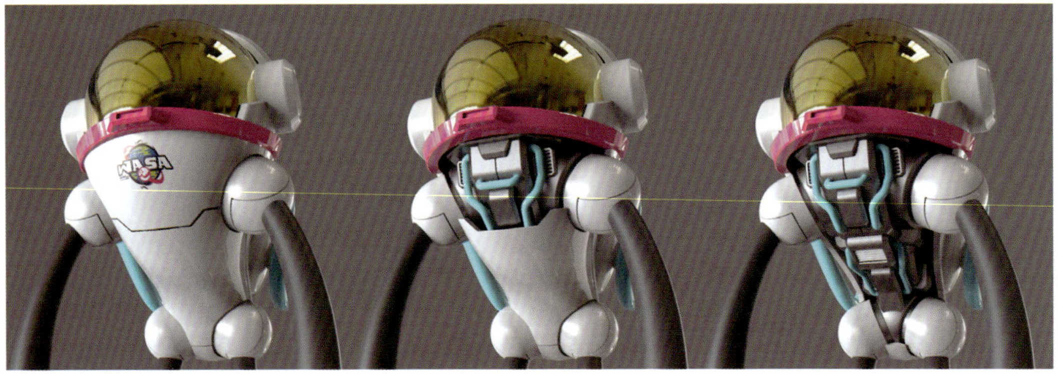

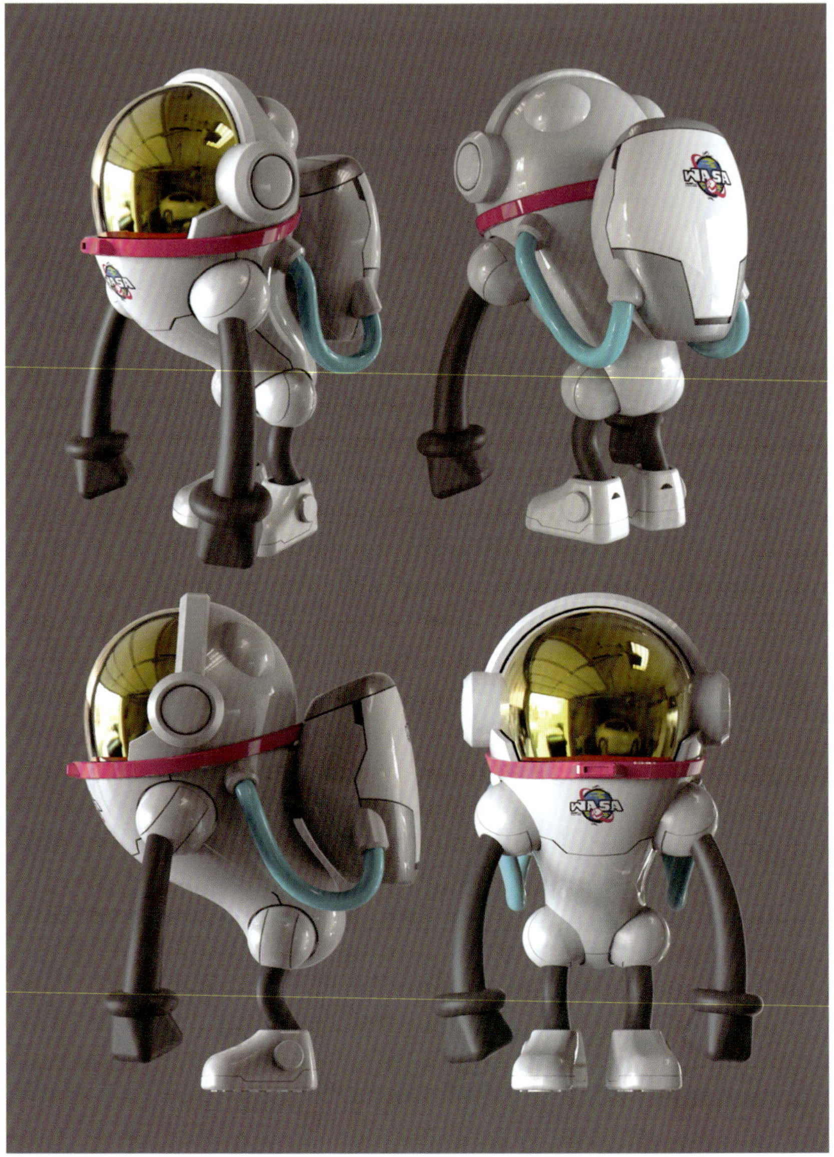

到 2021 年，WAZZUP baby 变色龙被开发出更丰富的造型形态，设计团队的想法与技术也比以前更成熟，INSON 再次想起这份年少时的执念。他没有完成的上天梦或许可以由变色龙来完成。航天龙的外形设计完成得很快，同时，一个振奋人心的消息传来——公司与国家航天局谈成合作，拿到了正式授权。如果说一开始的航天龙只是 INSON 的热爱之作，那么有了国家航天局的加持后，航天龙背后所代表的意义便截然不同了。

2022 年，中国航天大事之年。航天龙被安排在这一年发布，代表中国潮玩界与中国航天事业的世纪性合作，对双方领域来说都具有不可忽视的意义。如此重要的一款产品有没有可能再做得更不一样一些？彼时，中国潮玩市场刚经历完一轮井喷，无数玩具厂商尝到了盲盒的甜头，新的 IP 像新发的春笋一样一批批地冒出来。大部分盲盒的设计理念依然是以系列主题下衍生多款个体为主，观赏性有余，把玩性不足。

于是 INSON 与团队想了个大胆的点子。首先是单体设计上，除航天龙本体外，增加了一个能容纳本体进入的飞行舱。每个飞行舱之间还能相互组合，最后搭建成一个大型的空间站。每个模块里航天龙各司其职，在不到 1 平方米的空间里，犹如真实上演着航天龙背景故事中的冒险之旅。

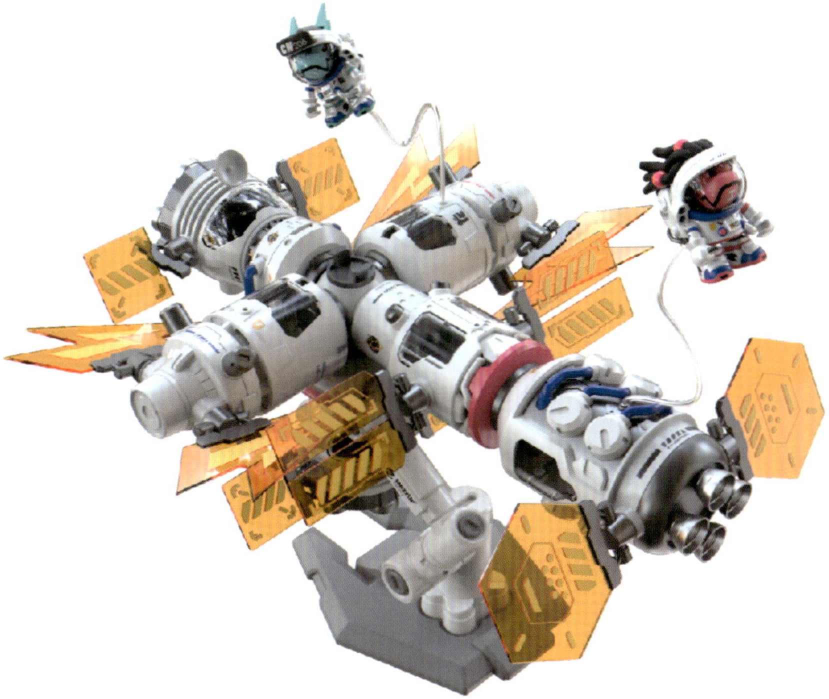

天宫空间站
TIANGONG SPACE STATION

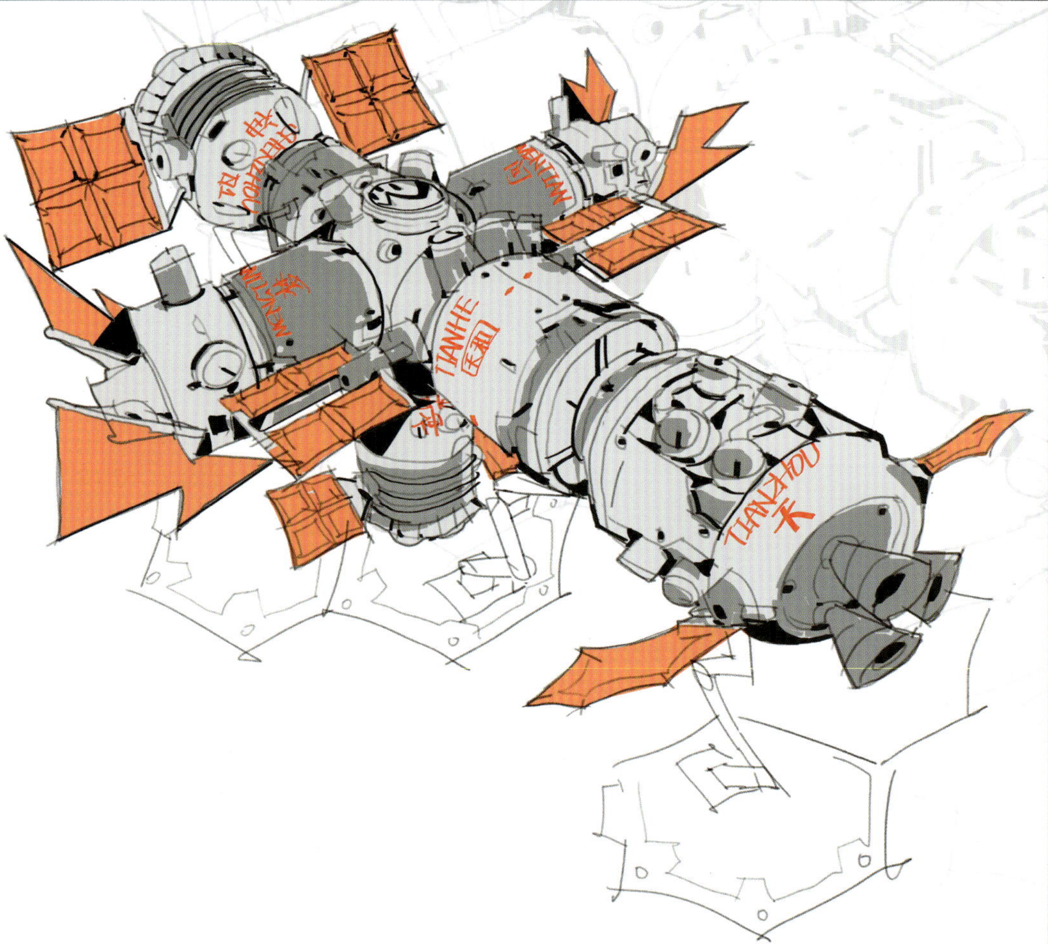

神州01/02载人飞船 04/05
SHENZHOU 01/02 CREWED VESSEL

天舟货运飞船 06
TIANZHOU FREIGHT SPACECRAFT

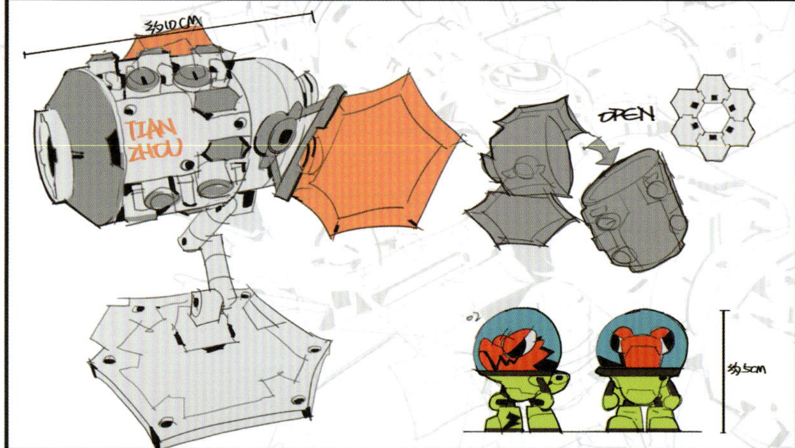

问天&
WENTIAN/M

天和
TIANHE C

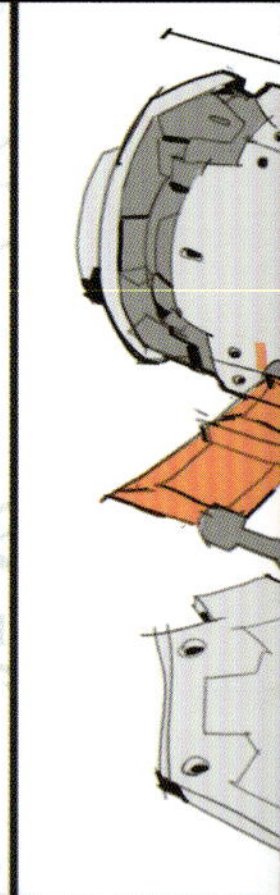

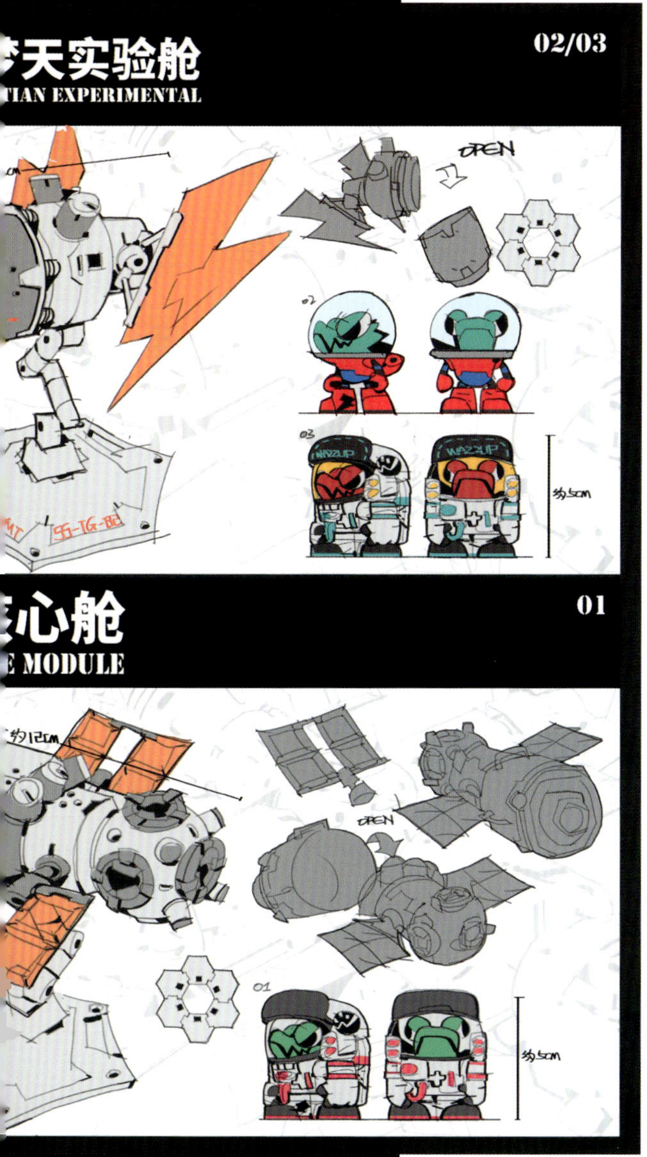
天实验舱
TIAN EXPERIMENTAL
02/03
OPEN
心舱
E MODULE
01
OPEN

隐藏①
隐藏②

CN206

航天龙打版后，INSON 与团队拿着样品找渠道与同行寻求合作。出发前，团队品牌部门的人员准备了非常详尽的介绍方案与话术，希望尽可能在见面时获得更多胜算。与对方碰面后，他们按惯例先把方案展示出来，然后将样品放在会议桌上供实时讲解。样品被放上桌面的一刻，会议室气氛瞬间炸了。没有人再留心投影里措辞华丽、排版精美的方案，他们看着 6 款样品组成的空间站，立刻明白这一定会大火。

2022 年 4 月 16 日，WAZZUPfamily 在公众号上首次发布关于航天龙的新品信息。同一天，神舟十三号完成 183 天太空任务，平安返回地球。这是 INSON 和 WAZZUPfamily 为航天迷们埋下的彩蛋，像他们为航天龙 6 款角色定的名字一样，是隐秘又心照不宣的浪漫。

4 月 27 日，航天龙系列线上发售，上线首日空降天猫盲盒热销榜第三位。坐在 20 厘米飞行舱里的航天龙承载着普通人对中国航天的愿景、潮玩与航天事业相互协力的野心，与 INSON 人生故事线里伏笔了二十多年的飞行梦，平地起飞，往神州各处，往星辰大海。

Part 4 / 变色龙不断迭代

除了以上三个特别的系列，其实从第一代至今，变色龙一直在发掘潮流文化风格的创新表达，当中不乏对各种主题的探索，更试着在玩具中埋进跳脱常规的彩蛋。

第四代变色龙，INSON 将变色龙一分为二，且在其中一半增加了他喜爱的机械元素，半机械的设计令每只变色龙都拥有截然不同的两面。一半依然是变色龙常见的外形，当你旋转至另一面，则是透明外壳包裹下的零件金属质感明显的硬核造型。这个设计思路再次与 INSON 一贯“外表 Q 萌，内里高能”的 Hard-coreQ 设计风格相呼应。

到后期，INSON 与 B 哥更是大胆尝试将摇滚乐队、扑克、街舞、半骨骼等元素融入变色龙的设计中，也在造型上大开脑洞。动感十足的小飞侠系列与结合复古老爷车打造的中古飞车系列，靠独特的外形受到粉丝追捧。INSON 也和 WAZZUPfamily 一起毫不吝啬地陆续为这两个系列设计了共十余款产品，让粉丝们过足收藏瘾。

03
813
WZ-06S

变色龙迭代的几年时间里，WAZZUPfamily 也在不停地扩张，吸纳了广州地区不少优秀、有理念、有想法的玩具设计师。WAZZUPfamily 的大本营在一个创意园的小独栋里，一楼专门提供给两位主理人和其他设计师办公使用。最鼎盛时期，这个小小的一层空间坐得满满当当，设计师们每天坐着办公椅在走廊上一路滑过去，看其他人屏幕上又有什么新作品。久而久之，一楼的水泥地板被磨得表层脱落，凹下无数个大大小小的浅坑。设计师们有热情，INSON 也想给他们机会，后几代的变色龙设计，INSON 试着让这些设计师参与进来，实现他们的想法。但无论设计师团队如何壮大，他们与 INSON 似乎有一个大脑区域是完全一致的——都希望做出够酷、够有型的作品。

vol.05
Chameleon
CANDY KNIGHT | WAZZUPbaby

vol.05
Chameleon
CANDY KNIGHT | WAZZUPbaby

近几年来，潮玩市场的主流风格渐渐被“萌系”“治愈系”占据，这种只要安上一双大眼睛就能迅速俘获大量消费者，让潮玩产品同质化严重。在这样的大环境中，WAZZUPfamily 对变色龙 IP 的打造似乎处处“逆市场而行”，不仅没有向“萌系”靠近，反而往“坏小子”的路上越走越远。

接下来，变色龙将迎来第九代，目前所知的信息是这一代的变色龙形象从配色到造型上都将更加张扬和出格。“先做自己喜欢的东西，然后再找同样喜欢的人。而不是为了让大多数人喜欢，而去做自己不喜欢的东西。”这条铁律在变色龙的迭代中被毫不动摇地延续了下去。

Chapter 5

WAZZUPbaby变色龙不甘寂寞

Part 1 / 最初的联名

盘点 WAZZUPfamily 的联名，最初可追溯到 WAZZUPman 的时代。
当时 WAZZUPman 的贴纸与立体化玩具已经在广州范围内走红，成为 2011 年的现象级 IP。恰逢可口可乐在中国寻找一些有代表性的艺术家合作，风格独特的 WAZZUPman 立马吸引了他们的注意力。
巧合的是，早在 7 年前在 INSON 还在读大三时就创作过百事可乐的机械化手稿。后来他尝试用软件建模把手稿实现出来，但那时功夫还不纯熟，得到的成果并未达到他的心理预期。7 年后可口可乐找上门来，仿佛是一次命中注定的补考，让他以另一种方式实现自己青涩时期的创作理想。

INSON 将可口可乐设定为 WAZZUPman 的能量包，平时不断吸食负能量的 WAZZUPman，在安装上可口可乐罐体后，就会改为向人类释放积极乐观的正能量。INSON 先用挤塑板制作 WAZZUPman 的本体，勾线、切割、打磨，然后用树脂、玻璃布做表层，在 WAZZUPman 背上增加可口可乐罐体、输油管和机械肢体后，其整体形象也做了更狂化的改进。热爱钻研结构的 INSON 不希望只是简单地将 WAZZUPman 与可口可乐组装在一起，他在瓶口和本体的连接处设计了一个机械机关，只要将瓶装可口可乐装到 WAZZUPman 的背上，按下开关闸，可乐便会真的从 WAZZUPman 的口中流出来。整个作品既是一个艺术玩具，又能当作一款实用的可乐机，真正呼应了 WAZZUPman 与可口可乐向大家传递快乐的理念。这款合作定制款玩具，至今仍摆在可口可乐博物馆展出，成为可口可乐 X 中国艺术家的一件代表作品。

WAZZUP family
×
Coca-Cola
WAZZUP MAN launch the positive energy!!

Coca-Cola
可口可乐

WAZZUP family
x
Coca-Cola
cola
2L?
LED
LED
press
250mL
cola 330mL
Coca-Cola

Part 2 / soulmate 般的联名

对于 WAZZUPbaby 的联名，INSON 一向坚信宁缺毋滥。基于“交朋友”的核心世界观，他希望在联名时可以找到真正能玩在一起的好朋友，要志同道合。而在当时 LAMTOYS 的老板看来，这个想法在商业层面显得过于幼稚，为了让 WAZZUPbaby 拥有的影响力迅速变现，老板联系了所有具备合作可能性的品牌。于是前期大家朝不同的联名方向做了各种尝试，虽然最终出品还算满意，但 INSON 依然没有放弃寻找心中那个灵魂伴侣一样的品牌。直到他遇见那个仿佛双胞胎的潮牌——WASSUP。相似的名字、相似的品牌气质、相似的潮流热诚之心，WAZZUP 和 WASSUP 一拍即合。为了表达对这次联名的偏爱，INSON 与 WAZZUPfamily 和 WASSUP 一起构想了许多有趣的活动，吸引更多爱潮爱玩的同好一起来成为 WAZZUPbaby 的朋友。

首先是各取两个品牌名中的“W”字母设计了一个合作“ICON”，用两只手拼在一起比出“WW”的字样。这个动作后来被沿用为 WAZZUPfamily 的标志性动作，出现在大小活动的合照中，表达“交朋友，一起玩”的含义。为了更好地承载两个品牌合作的理念，WAZZUPfamily 还推出了一个变色龙的限定系列——WAZZUPboy-EX，由变色龙做出“WW”的手势，并将 12 只素体寄给了 12 位不同的艺术家与艺术团队，邀请他们随意涂装，表达自己的想法。

在 WASSUP HOUSE 活动现场，INSON 亦亲自下场，用了三天时间对其中一体进行涂装创作，用色彩无声地讲述了他对潮流文化的理解，最终创造出全宇宙唯一体的半机械 WAZZUPboy-EX。最后这款变色龙在线上被拍卖出 3.65 万元的高价，而 INSON 则将这笔收入全数捐给公益机构，用来建造流动儿童图书馆。时至今日，这款半机械的图片仍被展示在 WAZZUP 作品集的封面位置，足见 INSON 对它的喜爱与重视。

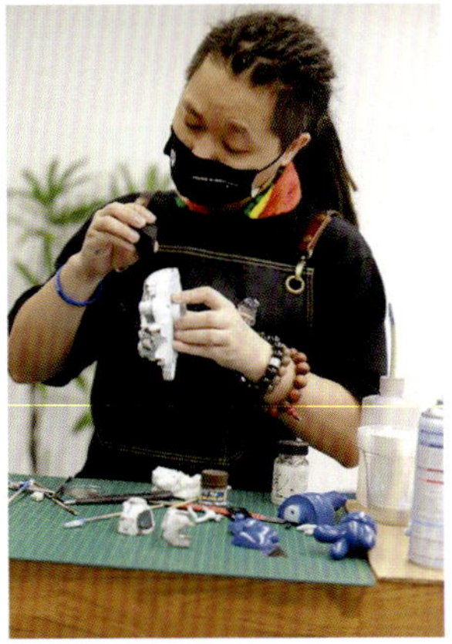

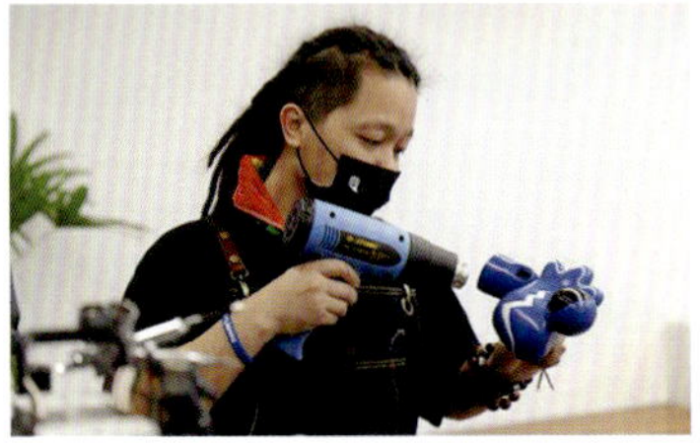

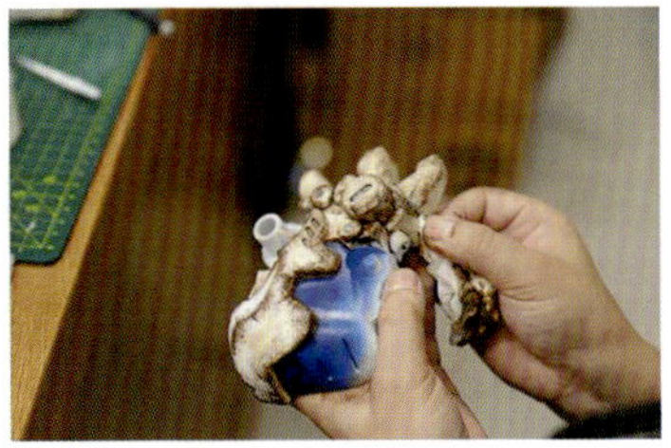

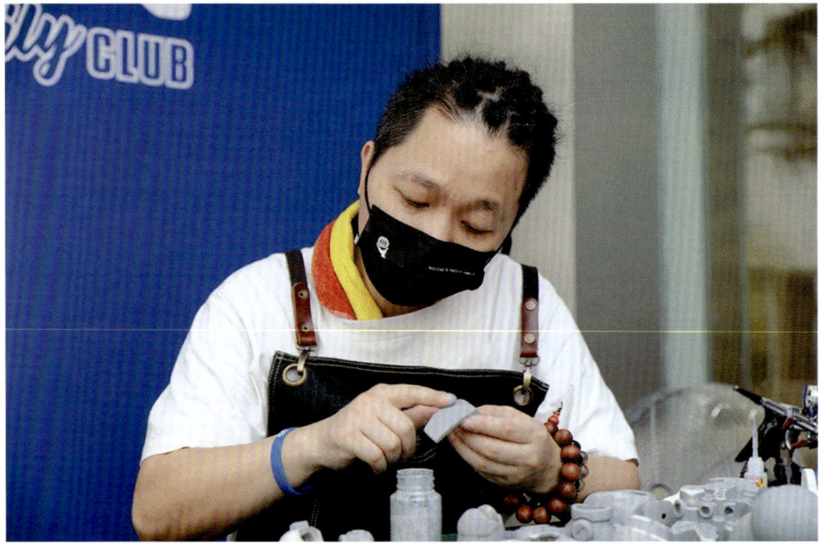

与 WASSUP 的合作坚定了 INSON 继续与潮流品牌合作的念头。之后，WAZZUPfamily 又陆续找到得物、NewBalance、Vans 等品牌联名，合作形式主要以联名礼盒与定制设计款玩具为主。而在这些联名中，INSON 坚持不只是做普通的贴牌出售，他希望能真正让两个品牌的理念与设计风格在变色龙上实现结合。

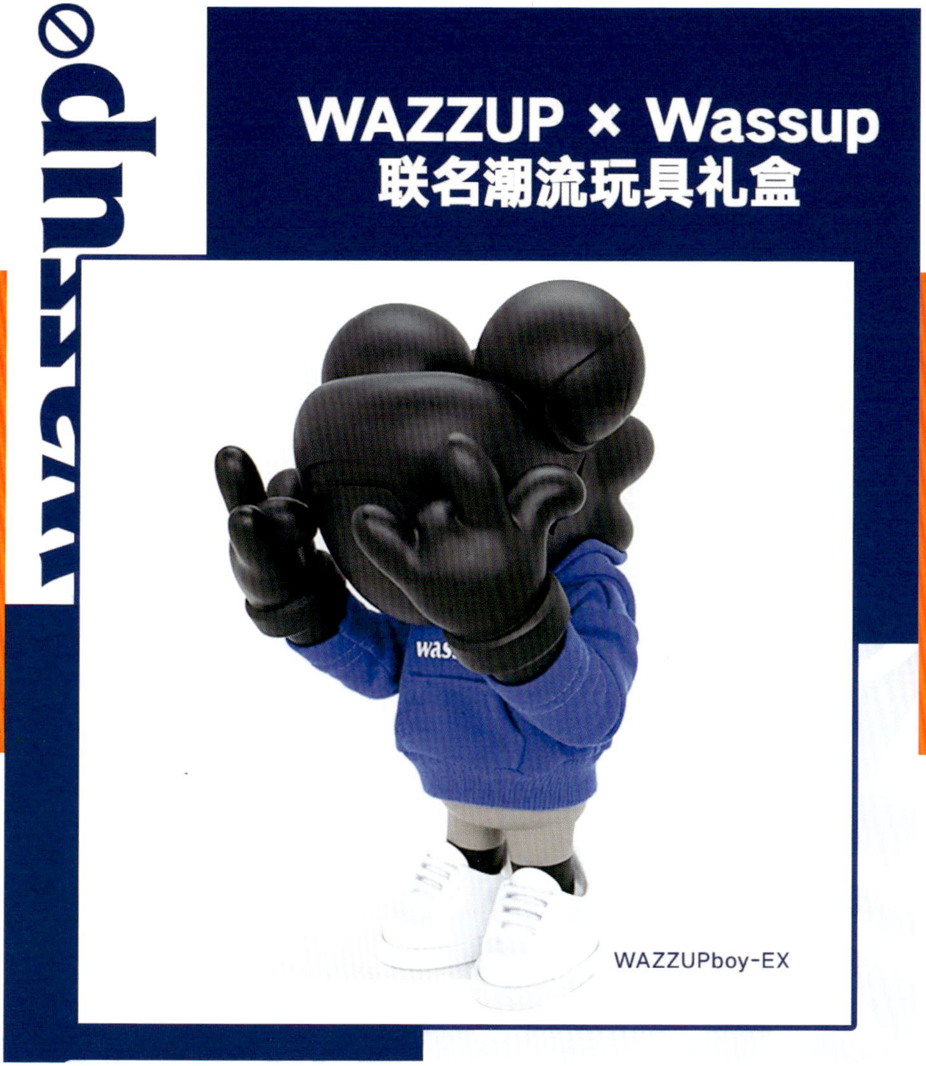

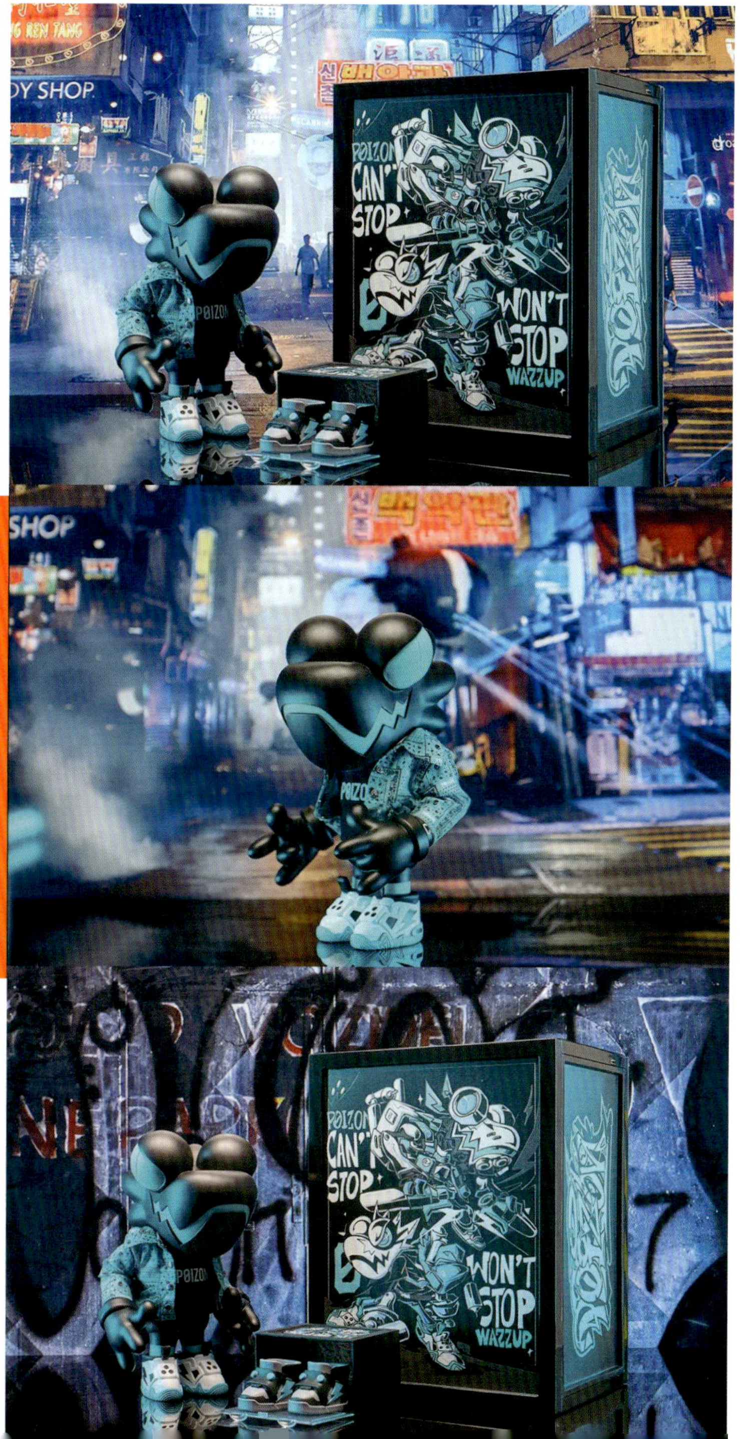

联名款是粉丝圈中必抢的系列，去年的得物联名款发售 300 套，创下 6 秒全部售罄的纪录，这也让 WAZZUPfamily 被潮流圈熟知。现在在不少潮流买手店，也不难看到变色龙的身影。

2022 年，除了玩具产品，INSON 与 WAZZUPfamily 团队尝试开发属于 WAZZUP 自己的潮牌线，将团队强大的设计能力与文化理念结合，打造更有 WAZZUP 味道的潮流品牌。这其实也是 INSON 对 WAZZUPfamily 最初的构想，他一直不希望让 WAZZUPfamily 只局限于“一个做潮玩的团队”，在所有社交媒体的官方介绍中，WAZZUPfamily 始终形容自己为“广州本土潮牌”。

广州被视作中国街头文化的发源地之一，21 世纪初，这座城市孕育出大批玩涂鸦、说唱的元老级人物，如今这里的街头文化看上去似乎已经式微。但其实当年那些狂热爱好者们并没有消失，只是回到了自己的小圈子中，用自己的方式继续创作。INSON 和 B 哥经历过广州街头文化起源的时期，一直怀着用自己的能力继续复兴本土流行文化、传播流行价值观的想法。决定启动潮牌计划后，INSON 和 B 哥联系了当年在街头一起跳舞、涂鸦的朋友们，聊起 20 年前的经历，往事历历在目，当下做点实事的想法也更加坚定。

Part 3 / 究竟怎么就火了？

基本每个采访过 INSON 的人都会有同样的感受。对于过去与未来，INSON 似乎很少有完整的规划，总是用一句“想到什么做什么咯”回应掉类似的问题。联名是机缘巧合，新品是兴至而为，甚至每次走红爆火，INSON 与 B 哥都后知后觉地才找到其中的原因。

今年航天龙发售后，行内一众 KOL 与潮玩圈资深玩家们对它给予了极高的评价。

“找回小时候玩儿童套餐玩具的快乐。”

“像是国内盲盒市场里的一条鲇鱼。”

“没想到潮玩可以和组装的玩法结合”

……

但如果去问 INSON 和 B 哥，在设计之初，其实他们并没有想到这些会引起讨论的话题点。之所以要给航天龙加上这些丰富的玩法，初衷很简单，他们在尽可能让这套产品变得“更好玩”，更贴近他们理解中的“玩具”的本质。

而这也正是 WAZZUPbaby 变色龙能一次次爆火的原因。从在展会上被抢购一空的初代变色款，到无数粉丝的入坑之作——变色龙六代，再到航天龙系列。都是源于他们试图让这个小小的玩具可以加入更多惊喜，让大家觉得更有趣好玩。

所以“没有计划”是因为对 WAZZUPfamily 的设想和两位主理人的设计理念，从创立之初就已经形成。“玩”“交朋友”是 WAZZUPfamily 始终未变的两个关键词。INSON 清醒地知道自己想要什么，接下来的工作，只是在不断萌生的天马行空的想法中大浪淘沙。这样的人生经历像是一个开放世界的游戏，并不遵守系统预设的任务，而是带着自己的主线与使命信马由缰，从而碰撞出独一无二的结果。

正如 INSON 常说的：“既然我们喜欢这样的东西，只要用心把它做出来，那一定有跟我们一样喜欢这样东西的人。”

不过虽然产品规划相对随性，但 INSON 对产品品质的要求却极高，有时私下制作一些手作产品，上色时哪怕只有小小不满意，他都宁愿把颜色全部洗掉重新上过。INSON 看待自己作品的眼光，也随着变色龙的粉丝圈扩大变得越来越挑剔，同时，当年对初代变色龙面世意义非凡的 LAMTOYS 及旗下工厂对品质的把控也开始跟不上 INSON 与 B 哥的要求。

2022 年 6 月的一个下午，LAMTOYS 工厂寄来一款刚开启预售的新品样品。拆开箱子后，会议室里十几个人陷入了沉默，INSON 直接黑着脸离开了会议室。随后，官方下架了已经有一百多单成交的预售链接，并通过社会媒体渠道正式向粉丝们道歉。至于具体细节，INSON 与 WAZZUPfamily 没有向外界过多透露，只是简单地表明新品的品质没能通过内部的质检，为了保证粉丝拿到手的玩具一定是精品，他们宁愿冒着品牌名誉受损的风险跳票。这场不大不小的风波，大概是一次暴风雨前的预警。几个月后，WAZZUPfamily 宣布与 LAMTOYS 正式分手。

长达十年的合作，最终由于步伐不一致而画上句号。对于分手的原因，官方通告写得很体面，却更惹得粉丝们猜测纷纭。但回看一个细节，或许能品出一些东西——分手之后 WAZZUPfamily 推出了新的潮玩品牌 WASA，这个新品牌的理念介绍在当年和 LAMTOYS 合作时宣称的“放胆去玩”基础上，增加了一个关键词——“认真玩”。要玩得有趣，也要玩得认真，要作品，也要精品。WAZZUPbaby 为什么能火 10 年，也许这就是答案。

Chapter 6

WAZZUPbaby变色龙的秘密

变色龙超进化教程 1—— 废土机油效果加强版

在 WAZZUPfamily 的理念介绍中，经常出现这样一句话——认真玩，一起玩。INSON 将 WAZZUPbaby 变色龙视作和粉丝双向沟通的载体，他通过设计表达自己的审美趣味，也期待大家能尝试做出属于自己的变色龙，和他一起玩。
所以 INSON 也为少有玩具改装经验的新手朋友们准备了一些简单的教程，教大家用最简单的工具和技法为变色龙添加自己的想法。

材料准备

郡士 WC03 棕锈色旧化渍洗液
打火机煤油 / 渍洗液稀释剂
变色龙八代盲盒
辅料：棉签 / 纸巾

步骤

01 在想做旧的位置涂上渍洗液，着重涂凹进去的坑纹位。

02 待渍洗液略干后，用棉签或纸巾擦去表面的颜料，注意不要擦掉坑纹里面的颜料。

03 用棉签蘸打火机煤油或渍洗液稀释剂，进一步擦干净高凸的位置。

04 用渍洗液画出漏油的效果。

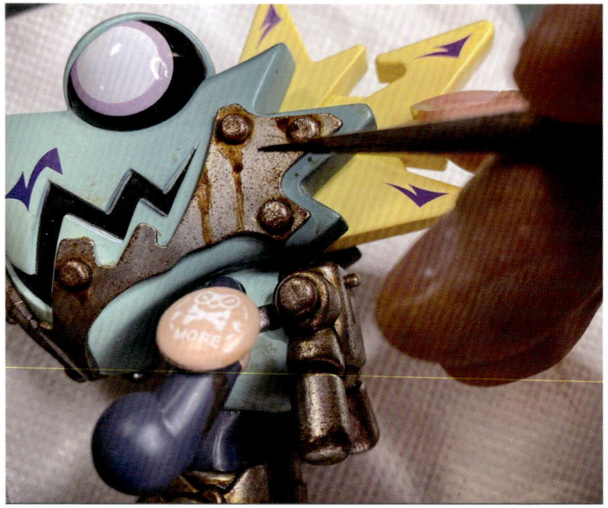

成品展示

变色龙超进化教程 2——脏辫龙剪辫版

材料准备

材料准备：
变色龙脏辫款
加热枪、喷枪
颜料
辅料：胶水、胶板

步骤

01 用束带将脏辫扎紧，用剪刀整齐剪断。

02 用加热枪将其加热，再将变色龙拆解成小部件。

03 喷枪上漆，涂上自己喜欢的颜色，将改造好的小部件重新拼装。

04 用胶板雕刻出底座，涂上颜料。

05

将剪下的脏辫粘贴在底座上，戴上串珠，
可加上假草与其他自己喜欢的装饰。

06

放上变色龙，改装完成。

KEEP GOING

MORE

Chapter 7

WAZZUPbaby变色龙的兄弟们

半机械化教程

作为半机械风格的狂热爱好者，INSON 热衷于将各种物品“半机械化”的探索，他相信生活中每件看上去平常无奇的东西，都有可能藏着复杂精巧的结构。从最初的超载鸡至今，已经有无数 Q 萌可爱的玩具在 INSON 手下变化出硬核高能的另一面。现在，INSON 亦将当中的改造秘诀逐一公开，希望大家一起尝试打造一个半机械化的世界。

本次用于教程示范的作品，灵感源自 INSON 童年回忆中的老物件——大象沐浴露。

步骤

01 用美工刀将物品对半切开，
并将切口打磨平整。
（不必完全沿着中线切，可根据所需形态进行调整。）

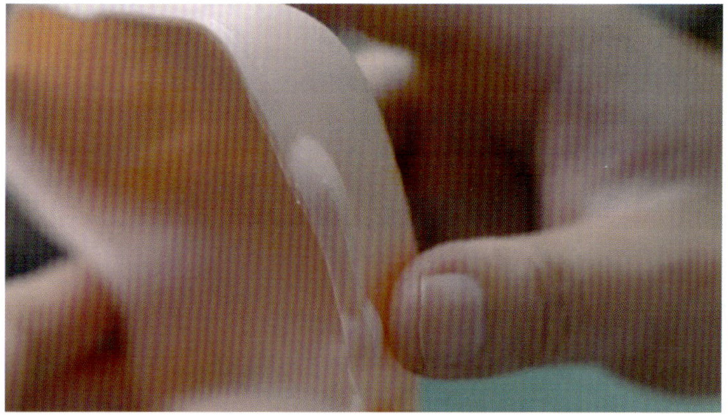

02 拓印出物件切面的轮廓，裁出胶板封住切面，便于涂装上色与部件粘贴。

03 挑选现有或自制的部件，搭建半机械部分。

04 用胶水 / 螺丝固定部件。

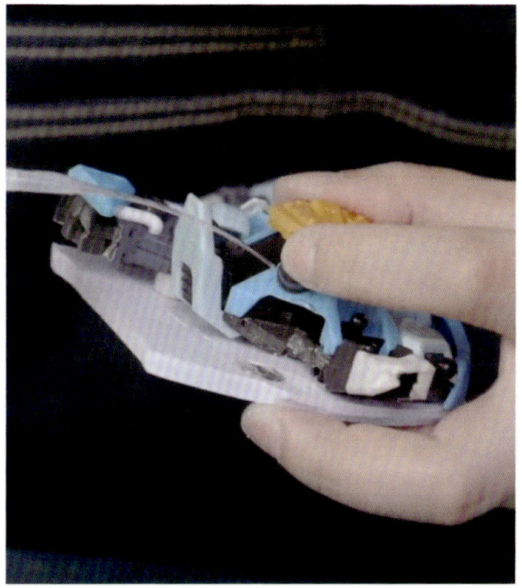

05 喷涂底色，盖住部件原有的颜色，打磨修整，方便后续上色。

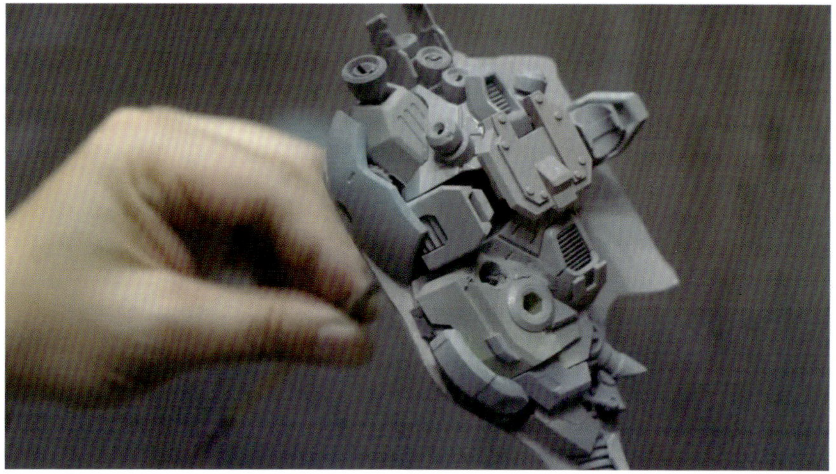

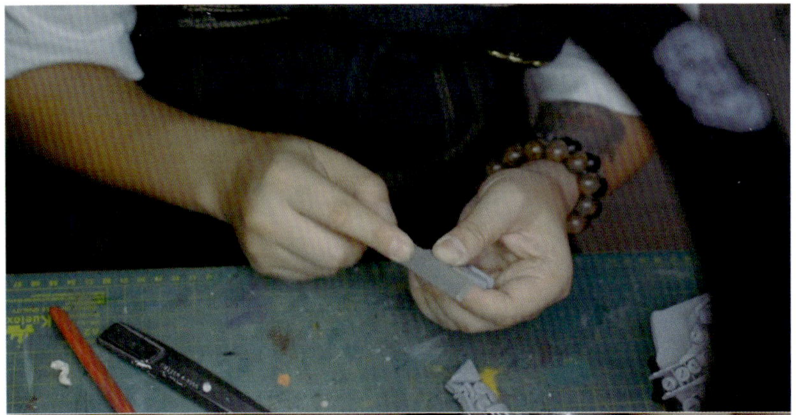

06 涂绘想要的色彩颜料，
渗线、渍洗增加细节。

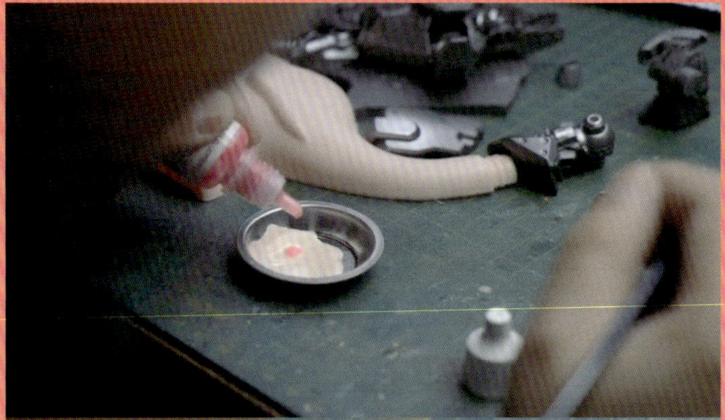
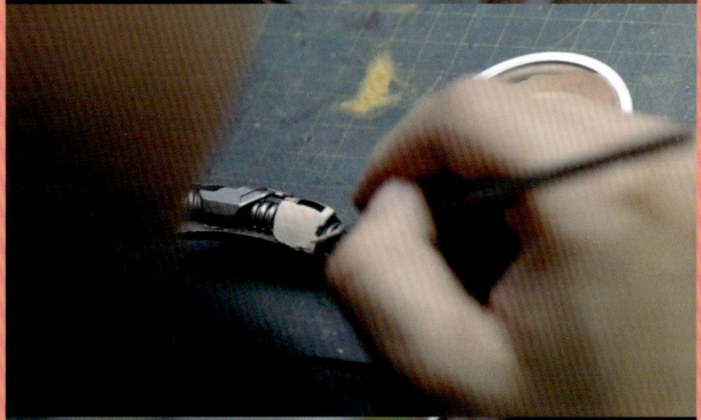

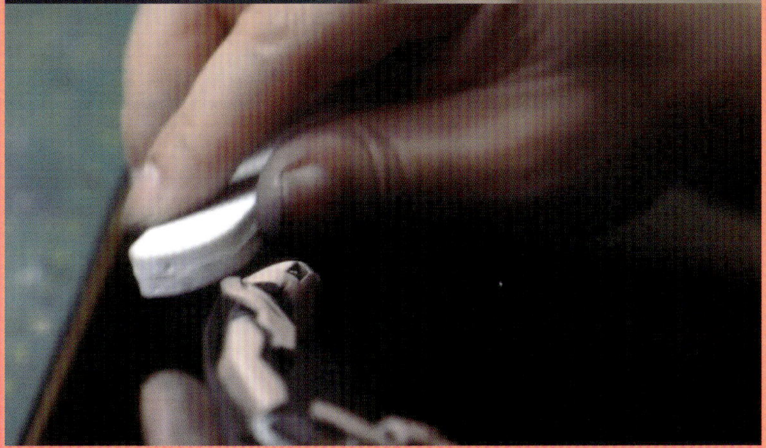

07 贴上喜欢的水贴，
将小部件组装完成。

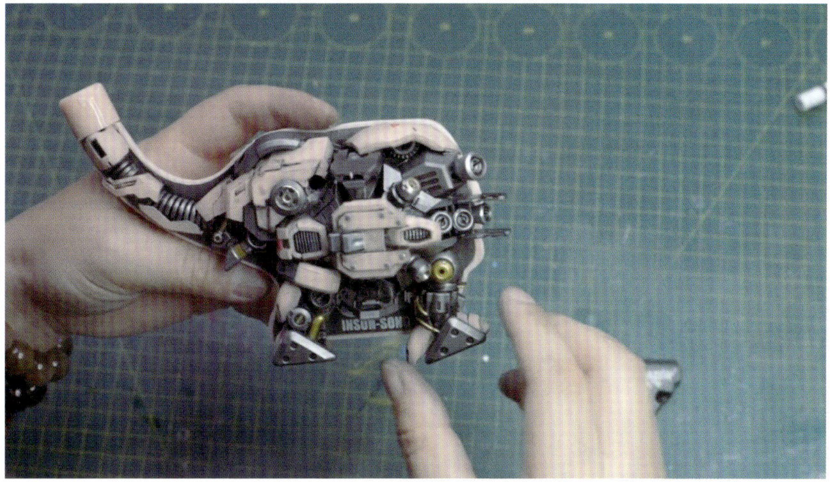

WAZZUP
family

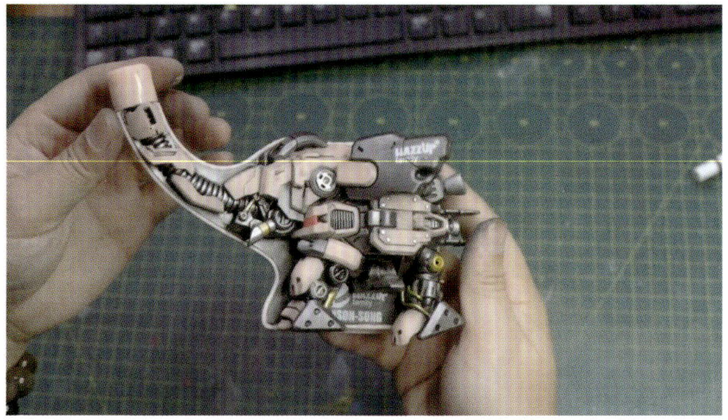

Chapter 8

做一个真正的潮玩达人

Part 1 / 潮玩是什么？

入行十几年，INSON 对中国玩具市场有着许多切身的感触。他深知不同于国外已相当成熟的玩具市场，本土玩具仍处于逐渐普及并发展的阶段。“潮玩”（潮流玩具的简称）是一个由中国市场独创的概念更倾向于描述传统艺术家玩具的商业化成品，更大众化，也更包容。盲盒成为新的流量风口后，很多玩具圈的老玩家对此褒贬不一。而作为从业者，INSON 对此却抱着相对乐观的态度。在他看来，潮流玩具为了迎合大众化，的确在艺术层面显得没那么纯粹，但潮流玩具本身依然是设计师进行自我表达的作品，只要玩具背后的设计师仍愿意思考，愿意在玩具中坚持表达自己的思想，那这个玩具就可以被视作有艺术价值的作品。

再往长远看，虽然不少消费者只是抱着“追潮流”或“看中溢价”的心态购买潮流玩具，但总体来说，潮玩的流行让更多人接触到玩具领域，也逐渐开始愿意欣赏作品背后的艺术价值与精神价值。这是一个好趋势，大众眼界不断提升，自然会去追逐与挖掘更优秀的设计。由于经历过收入不稳定的时期，INSON 深切地明白对设计师来说，能生存下去才是第一要义。只有消费者对潮流玩具的热情不减，江河宽广，他们的创作空间才更自在。

他期待看到大众越来越“识货”的一天，也乐意将自己的设计理念与对玩具领域的探索经验分享给大家。目前有相当多的中青年人群开始尝试了解潮流玩具，INSON 也给出了一些小小的建议。除了传统的潮玩集合店，他建议大家可以寻找一下城市中的潮流买手店，这些店铺的主理人大多会收集自己喜欢的设计师玩具作品，大浪淘沙之下，他们筛选出的作品会更具代表性与个人风格。在 INSON 看来，设计师玩具是潮流玩具的起源，也是去向，因此不妨直接从最优秀的作品开始了解。

INSON 自己也是一名资深的玩具藏家。在 WAZZUPfamily 公司的角落里，他有一间专属 INSON 的办公室，不到 10 平方的空间，被他的各种藏品填得满满当当。如果你有幸进入参观，了解每件作品的故事甚至都需要花上一天。房间里有一个满墙的置物架，用来展示他最满意的藏品。而对于所选择的藏品，INSON 也有自己的一套审美偏好。脱胎于 20 世纪苏联文艺作品的复古未来主义，发展为原子朋克风格，思考颇具远征野心的太空殖民，也想象以原子技术推动未来的生活。这种将秩序与混乱，复古与想象融合一体的科幻美学风格令 INSON 十分着迷。他收集了相当多以原子朋克为灵感的设计师玩具，在 INSON 各个阶段作品中，也不难看到原子朋克风格的延续，在他“相当模糊”的未来计划中，原子朋克也是会继续坚持下去的方向之一。

如果面对一位想要真正踏入潮流玩具设计行业，成为一名设计师的年轻人，INSON 给出的建议则显得更为郑重。从事过多年设计服务，INSON 深知这段经历的必要性。每一位有意愿进入这一行的新人都需要大量的前期训练，需要踏实的软件技术，成熟的设计思路，与对大众消费偏好的了解，这些是设计师后期进行自由表达的基础。而这些积累恰恰需要通过商业化的设计服务来完成。

INSON 对“优秀玩具作品”的定义是既要有特色，又能被欣赏。国内玩具领域的路还很长，不妨耐心等，慢慢来。

Part 2 / 潮玩达人最爱的书影音

当然，如果想成为一位潮玩达人，单专注于玩具本身或许还不够。INSON 创作中的大部分灵感，来自他从小接受的书影音的熏陶，而以下几部，在他成长的过程中更是意义非凡，在此由 INSON 本人进行解说，推荐给大家。

“《飞碟领航员》是 1968 年迪士尼的电影，20 世纪 90 年代在央视播放过，我当时也是在电视上看的，这是对我影响很深远的一部电影，虽然现在看不一定有那么大的震撼。但那是我第一次看除了《哆啦 A 梦》外的讲穿越时空和外星人的真人科幻电影。在完全是物理特效的电影时代，电影的电脑特效现在看也是非常漂亮的。小时候完全被这些特效深深吸引了，它直接打开了我对时间、空间、外星文明、机器人等这些科幻事物神秘的大门。只看过一次印象就非常深刻，而且当时我的年龄又和男主角差不多，那时总想着有一天我也被外星人弄走去经历一次男主角的事情，那该有多帅。好多年后，互联网发达了，我才又重新找回这部电影看，回忆满满。（PS：剧中的飞碟和刘慈欣《三体》中的水滴很像，也许大刘也看过这部电影？那时我在街上看到那些银色的氢气球都会想到电影中的那张飞碟。）”

“我看的时候叫‘天煞 - 地球反击战’，当时是在明珠台（香港 TVB 的英文频道）看的，是典型美国的一个人救了全世界的英雄电影。对这部电影印象很深的原因除了热血的剧情和刺激的打斗，还因为另一部纪录片。当时央视引进译制过一部纪录片叫《电影魔术》（Movie Magic），见到了各种电影特效，在电脑特效还不发达的年代，这个纪录片讲的各种机械人、特效化妆、爆破等，看得我大开眼界（有兴趣可以找来看，就算现在看，保证也会令你大开眼界）。这部纪录片中有一集主题就是讲外星飞碟的，大部分都是在讲这个电影，当看到他们把一个小小的模型飞碟拍到一个城市那么大，又将一个模型白宫像真的一样炸掉，一包汽油爆炸炸出在太空爆的效果后，我从此爱上电影工业，喜欢上了各种机械模型的设计。”

“还是一部英雄主义电影，这部电影是我认为最有科幻片样子的科幻片，它打开了我对远古外星人兴趣的大门，其中还有一些神话故事、四大元素、古代遗迹。那段时间我疯狂地寻找这类书籍资料来阅读，这让我对这个世界的认知又多了一点。还有 2263 年的纽约布鲁克林区，经典的未来垂直城市也影响了我之后的一些作品。”

“这是学设计必看电影之一吧，《攻壳机动队》的故事其实不是很容易懂，剧情开始探讨一些哲学问题。不知道是我开始思考这些问题就看到了这部影片，还是看到了这部影片我开始去思考这类问题。影片从音乐到设定我都非常喜欢，1995 年版本和 2004 年版本的两部影片中间都有一段意识流般的场景表现。1995 年版本的那段我喜欢上了香港的那种堆叠的密集的残旧的建筑，有一段时间我经常跑到香港周围逛，拍了很多照片。无罪那段又让我爱上了我们的传统建筑和仪式，然后又是各种买书、收集资料。片中的音乐我现在都一直在听，尤其是冥想的时候听感觉更好。”

“这部电影除了有复杂的剧情和非常漂亮的机械和场景设定，还是直接打开了我‘新时代浪潮’思想的大门的电影。它不仅用电影的方式说出了世界是虚拟的这个概念，还讲清楚了色即是空、物质都由能量组成、信念创造实相等一系列概念。好吧，这些概念三言两语也说不清，有机会再另说。”

Chapter 9

WAZZUPbaby keep going

从 2011 年的一张贴纸开始，到 2022 年，INSON 和搭档 B 哥与 WAZZUPfamily 一起走过了 12 年。他们一起打造了 WAZZUPbaby 与整个 WAZZUP 宇宙，并不断探索着更远的边界。WAZZUPbaby 变色龙似乎从来没有一个固定不变的框架，从不会规定它必须只能是什么样、只能涉足哪些主题，反而一直在寻找新的可能。

2022 年初，INSON 剪去了一头留了几年的 dreadlock，这个曾经作为他个人符号之一的发型，被他用一条剪发视频宣告终结。决定来得太突然，WAZZUPfamily 的伙伴们统统来不及反应，更一度担心失去脏辫后，INSON 是否缺少了足够强烈的个人印记。但这个担忧并没有持续太久，INSON 一如既往地沉醉于自己的创作。剪发之后，INSON 发布新作的频率不降反增，粉丝依旧好评如潮。如同变色龙可以有千百种形态，INSON 也在挖掘自己身上的其他可能性，一头脏辫不是 INSON 的符号，大胆自我的表达才是。

不遗忘初心，不囿于过去，INSON 和变色龙的旅程，仍在继续。

- 四代 -

MECHA
MECHA

MECHA
MECHA

MECHA
MECHA

MECHA
MECHA

MECHA

MECHA

MECHA
MECHA

WASA
SPACE
EXPLORER
CHAMELEON
Limited Edition

SPACE
EXPLORER
SPACE
EXPLORER
CHAMELEON
Limited Edition

SELECT
JOYSTICK
CHAMELEON
Limited Edition

WAZZUPbaby
JOYSTICK
CHAMELEON
Limited Edition

- 六代 -

LIGHTNING

BLACK LABEL
206
Chameleon VOL.06
WAZZUPBABY
LIGHTNING

afro

BLACK LABEL
206
Chameleon VOL.06
WAZZUPBABY

BLACK LABEL
206
Chameleon VOL.06
WAZZUPBABY

BLACK LABEL
206
Chameleon VOL.06
WAZZUPBABY

BOMBER
BLACK LABEL
206
Chameleon VOL.06
WAZZUPBABY

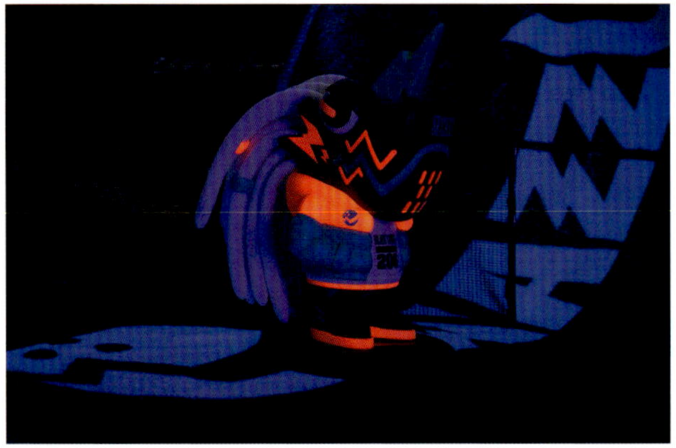

BLACK LABEL 206
Chameleon VOL.06
WAZZUPBABY
LAM TOYS × WAZZUP family
© LAMTOYS ALL RIGHTS RESERVED
Design.by WAZZUPfamily @INSON-SONG & @HEBZ

- 七代 -

- 八代 -

- 九代 -

九代的前期概念图，其身上的配件能拼成旁边的两只小载具。

九代城市限定配件概念设定，左图为概念图，右图为建模。

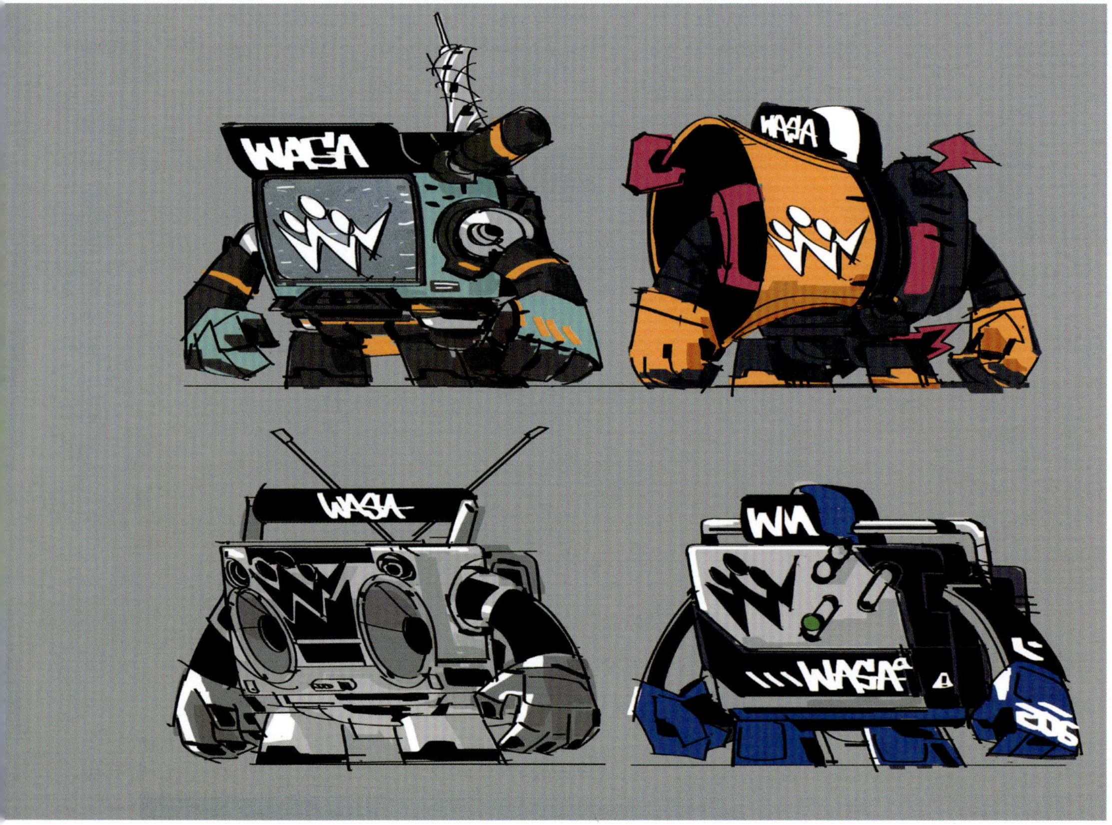

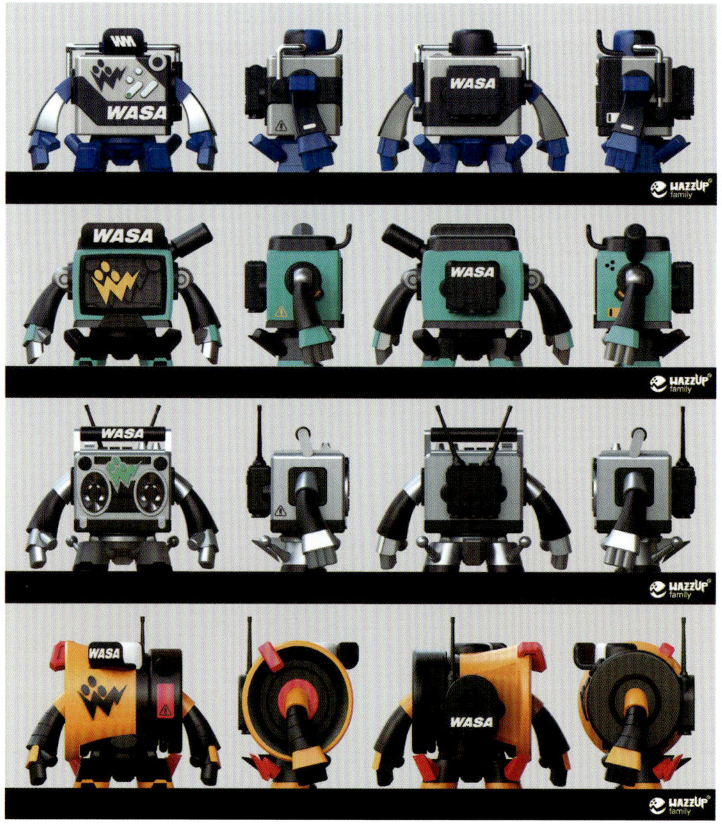

206
206
BRAD
KOOK

206
W.U.F.
206
206

九代限定款概念设计

武汉城市限定 - 火

杭州城市限定 - 风

重庆城市限定 - 雷

成都城市限定 - 山

西安城市限定 - 林

儿童节限定
童梦 Player1

RASTACLAT 联名限定
龙狮傅

2023 年中秋限定
满月猎人

敦煌城市限定 - 影

金刚象神 1
（未上市方案）

金刚象神 2
（未上市方案）

04
EX 206
EX 206
NASA

EX
206
WASA

EX
206

WASA

- 飞船龙 -

飞船龙即变色龙 10 代，左图是飞船的概念图，右图是角色设定图。因为一开始设定的背景是深海，所以设定是从潜水艇和潜水员的角度去构思的。

概念图

角色设定图

这是根据概念图设计的第一版 3D 模型，飞船的设计比最终定稿要复杂很多。

WASA
W.U.F.
WAZZUP family

这是众多配色方案中的一个。

这是后来调整为外太空探索后修改的角色设定，但还不是最终配色。

- 耐克飞船 -

耐克飞船是和耐克合作创作的，是合体潜水艇的前身。

- 各种概念图 -

这是未公开过的概念图，是针对各种方向的尝试。

合味道

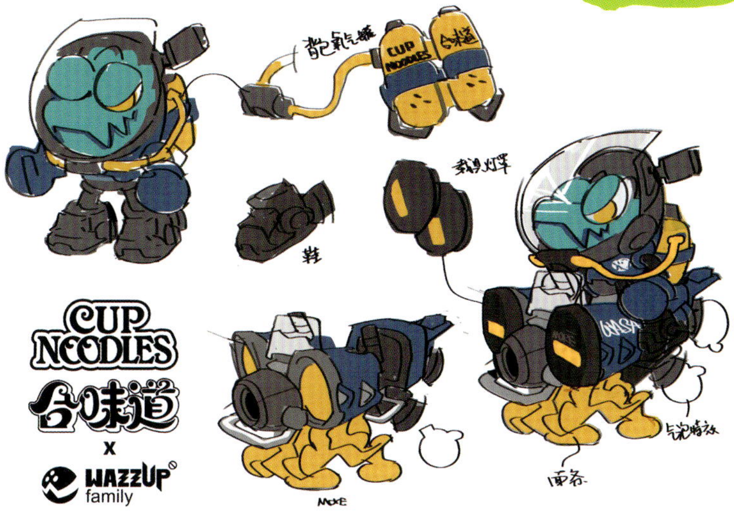

10 代

wazzup robo

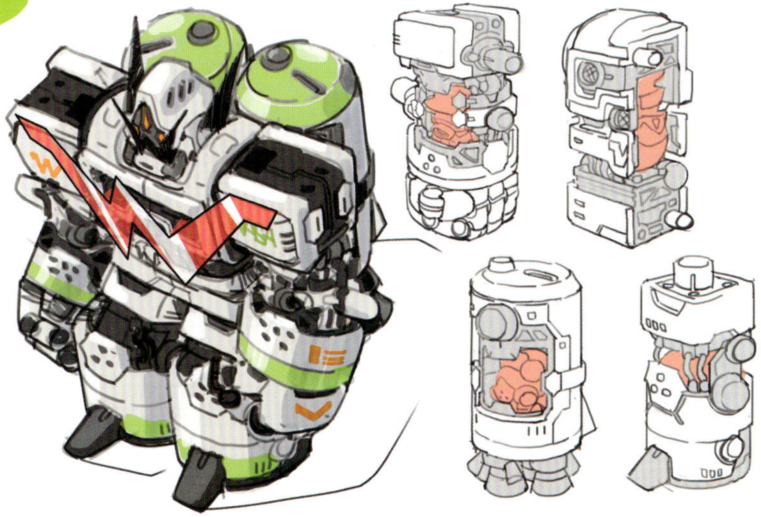

场景

wasaboy

第五人格

人偶

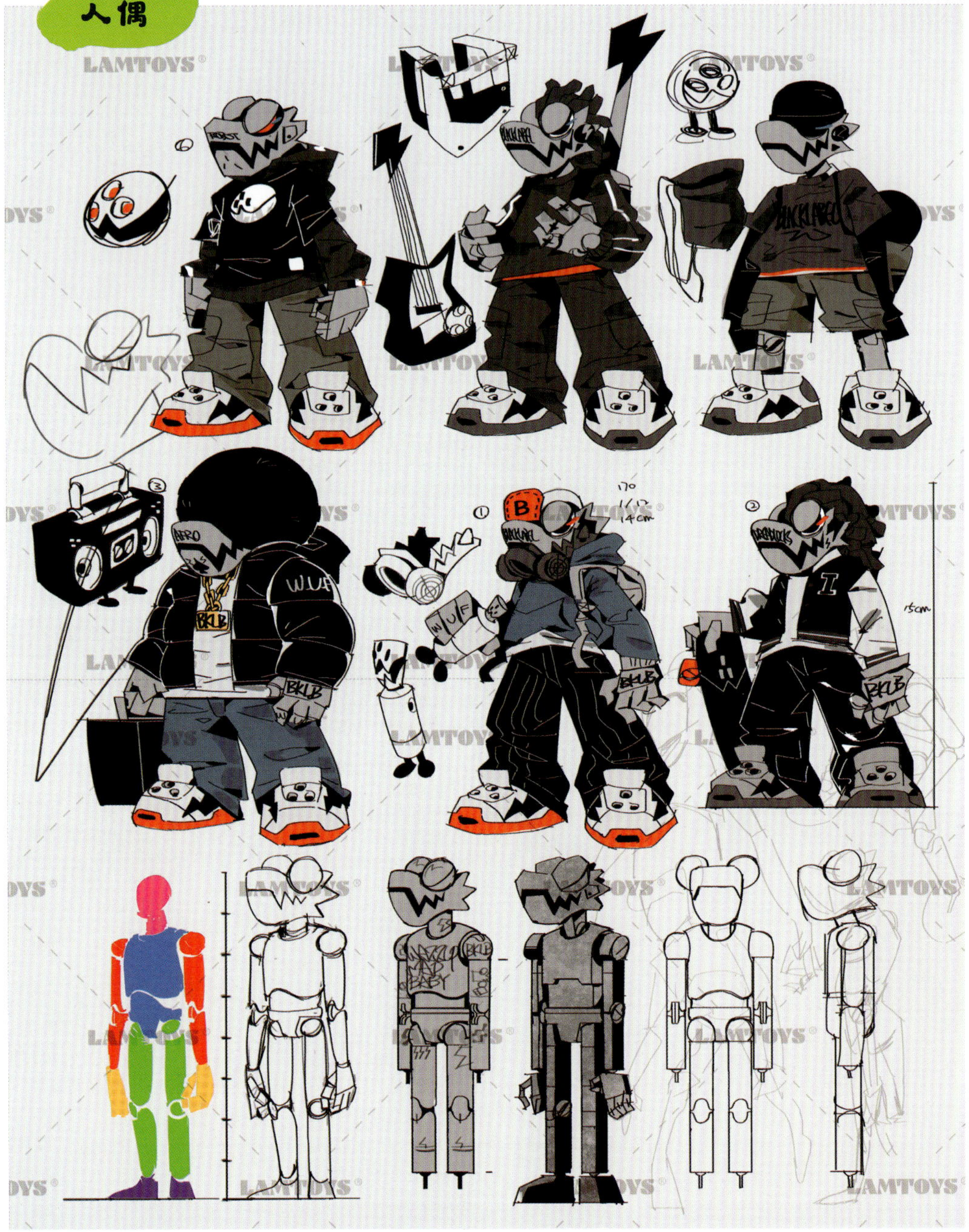

人偶（机械）

人偶2

inson

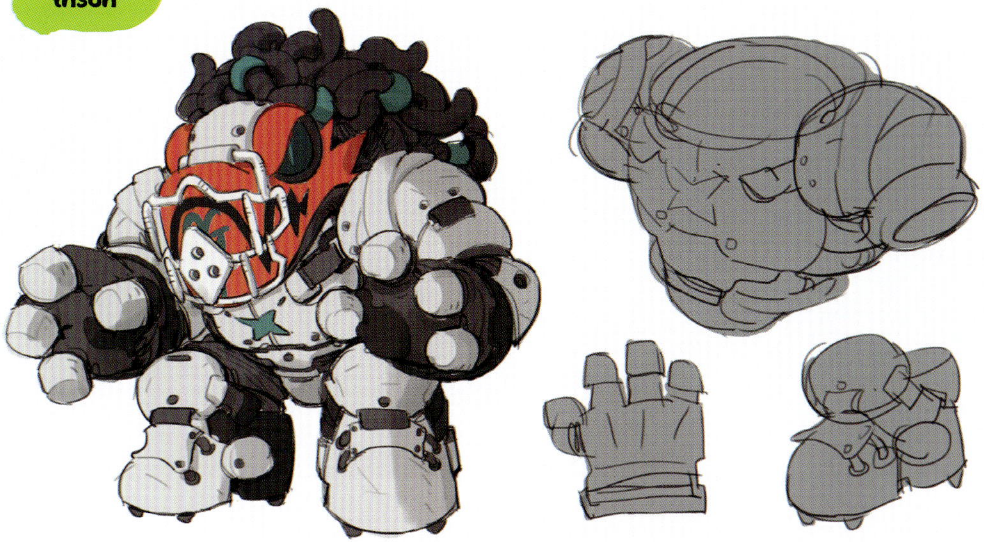

飞船

开曼

- 未出街方案 -

未公开的设计方案。

WAZZUP
family

INSON SONG
WAZZUP
family
WAZZUP family
MORE
INSON SONG

- 已出街限定款 -

一些已发售过的限定款，但不一定人人见过。

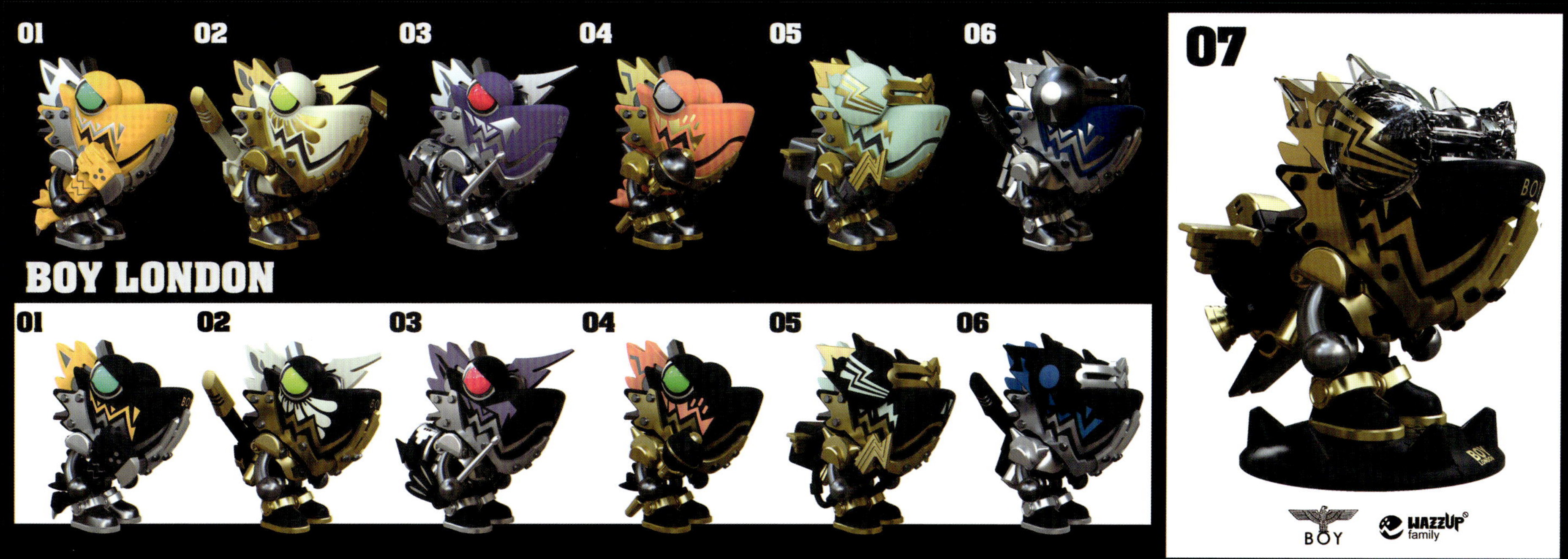
01
02
03
04
05
06
BOY LONDON
01
02
03
04
05
06
07
BOY
WAZZUP family

afro

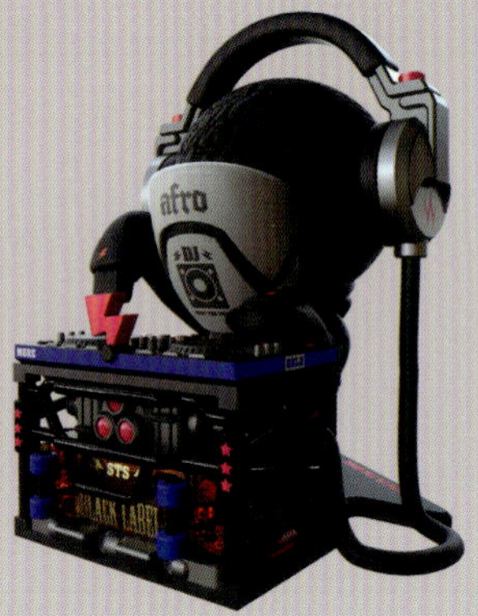
afro

WASA

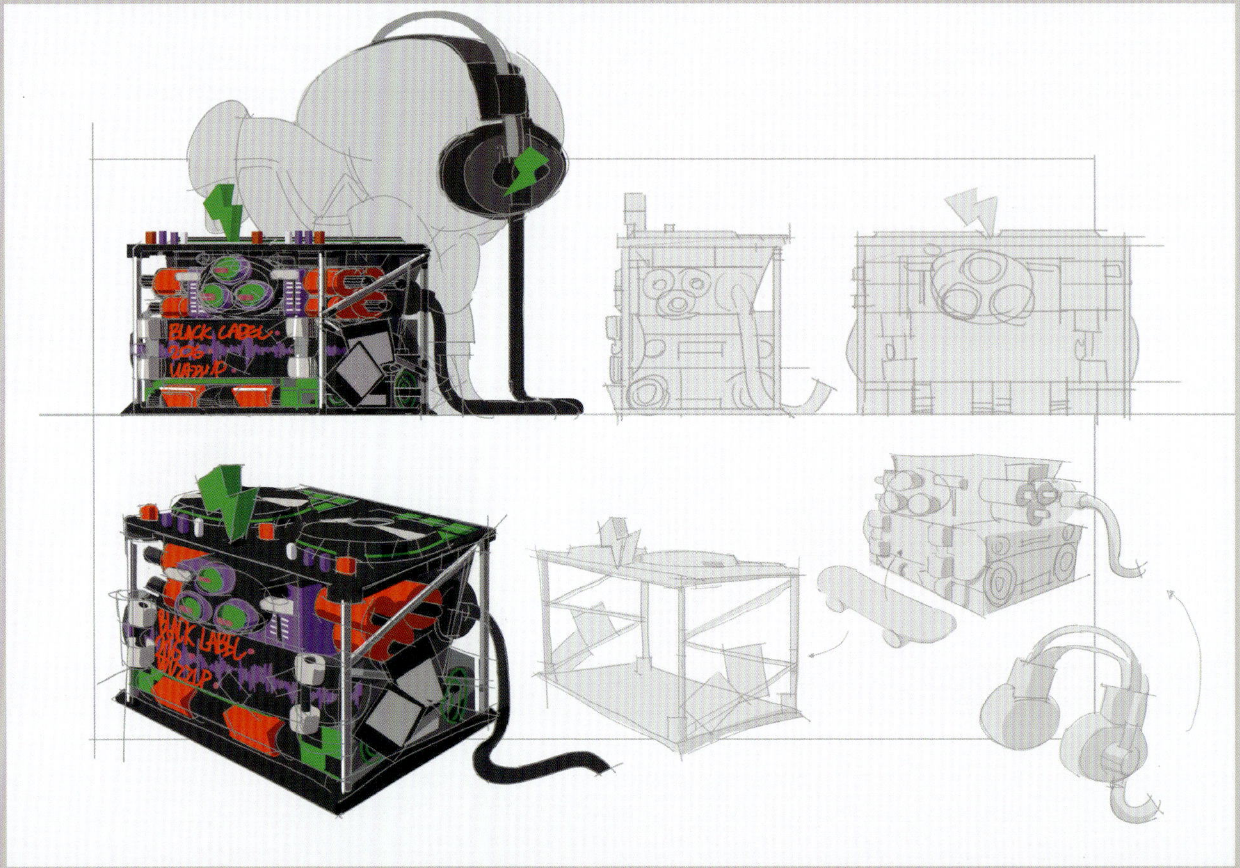
BLACK LABEL

StarCollector HARDCORE-Q Limited Edition

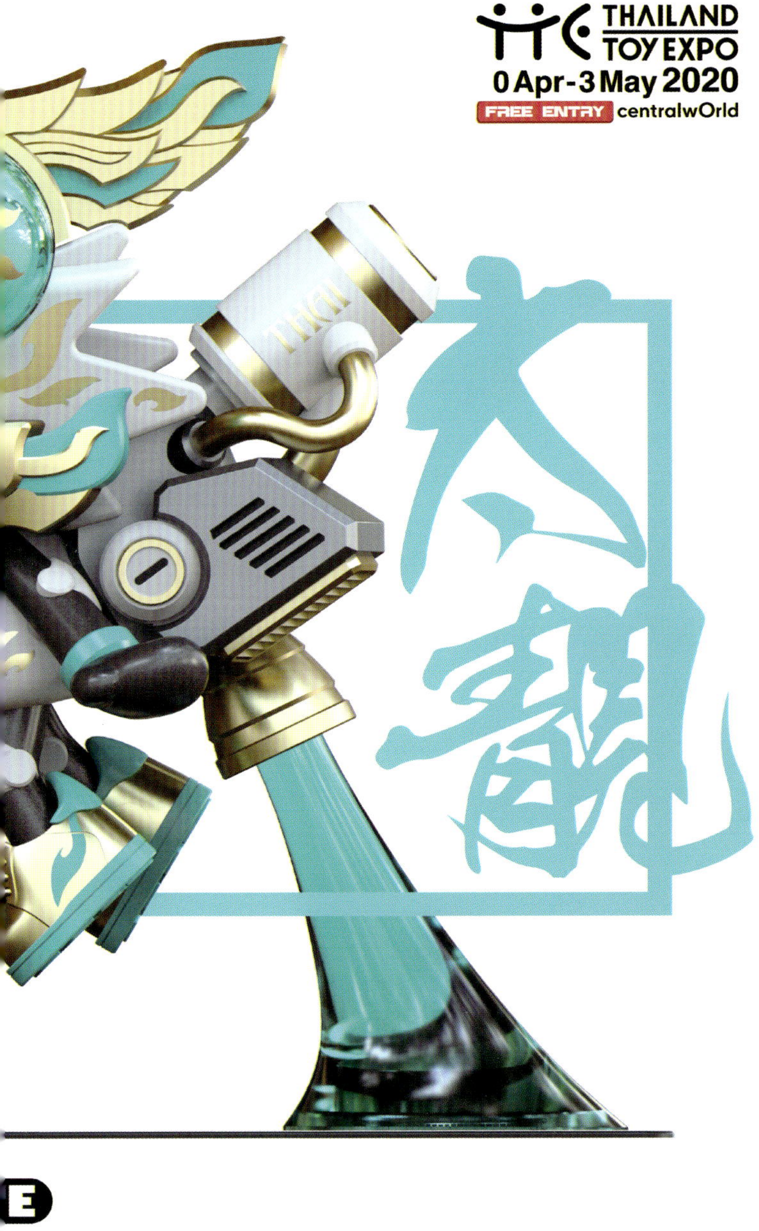
THAILAND
TOY EXPO
0 Apr-3 May 2020
FREE ENTRY centralwOrld
THAI
E

THAILAND
TOY EXPO
0 Apr-3 May 2020
FREE ENTRY centralwOrld
THAI
Chameleon
WAZZUPBABY
Limited Edition
SAWADI
TTE

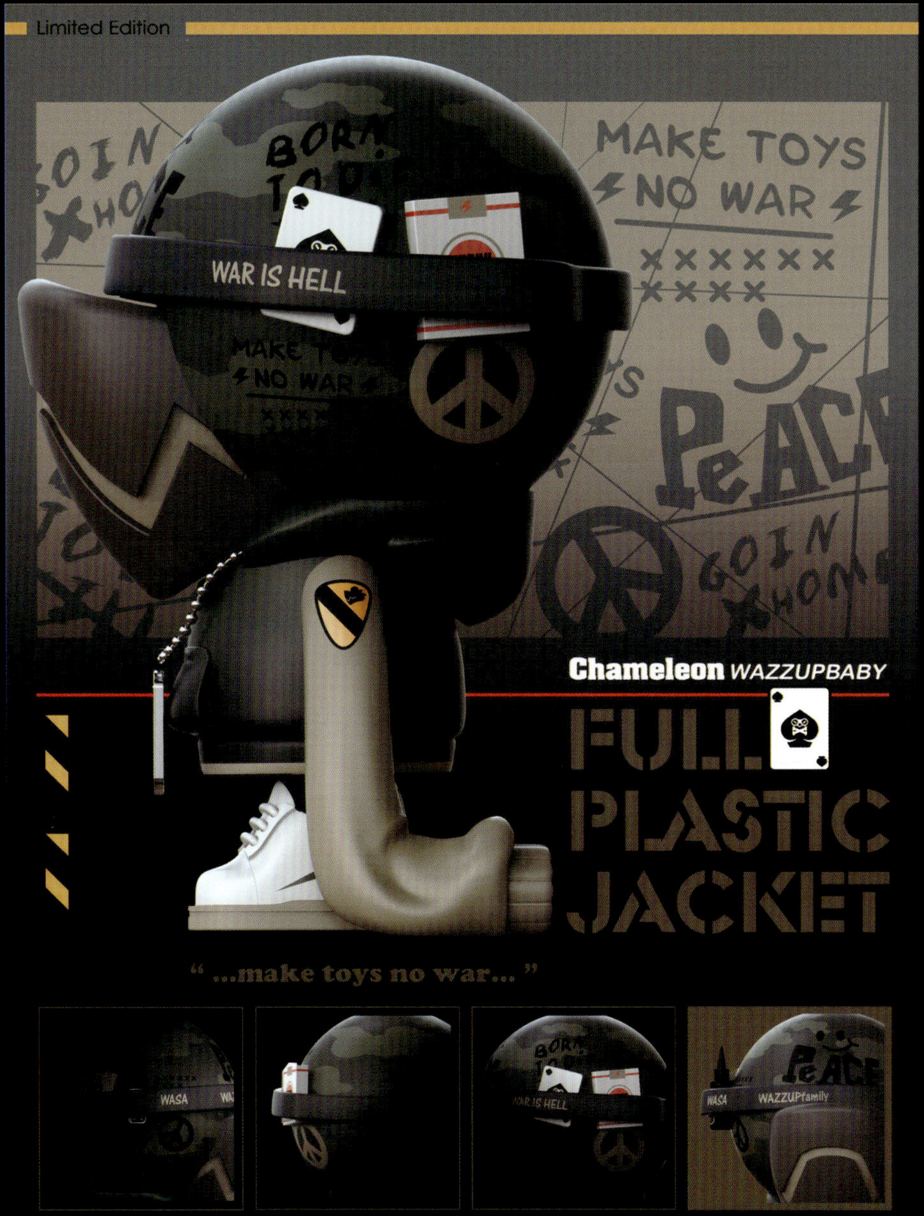
Limited Edition
MAKE TOYS
NO WAR
WAR IS HELL
PEACE
Chameleon WAZZUPBABY
FULL
PLASTIC
JACKET
“ ...make toys no war... ”

synth wave
Chameleon
WAZZUPBABY
Limited Edition
right side
front side
left side
back side
细 DETAILS 节

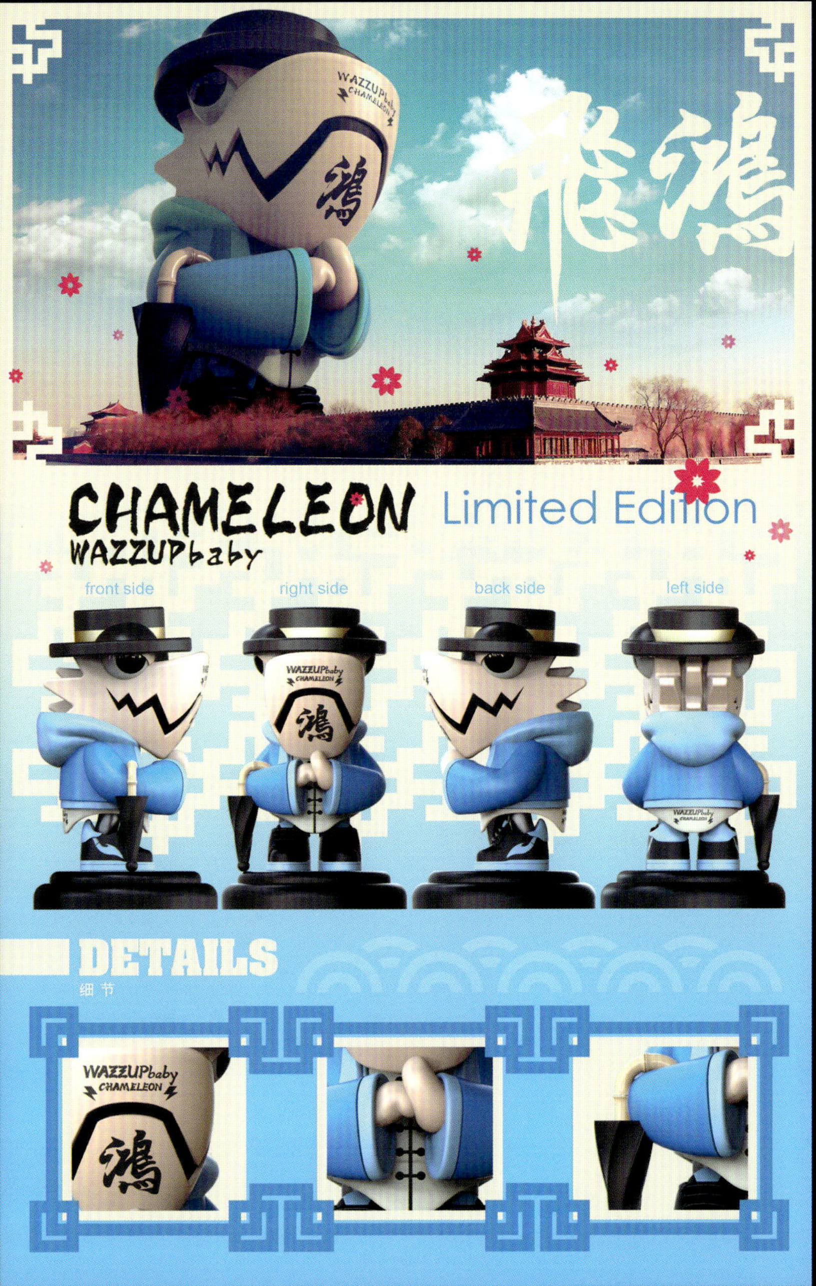
飛鴻
CHAMELEON
WAZZUPbaby
Limited Edition
front side
right side
back side
left side
DETAILS
细节

- 每日黑巧联名 · 可可使者 -

- 印记 -

得物 POIZON
WAZZUP family
HALLOWEEN
WAZZUP family

Limited Edition
SDC
SEASON3
SDC
SEASON3

- 小飞侠系列 -

全部已发售及未公开的小飞侠变色龙产品图。

2019 小飞侠初代

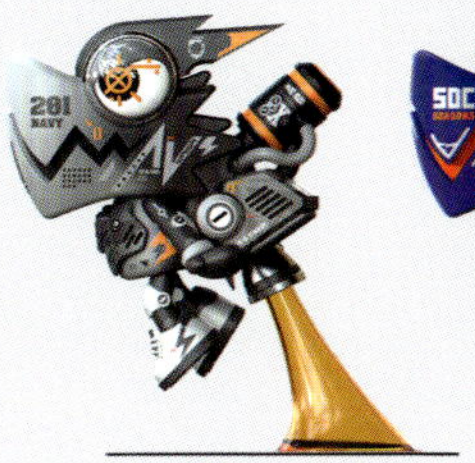

2020 空军小飞侠
ChinaJoy 限定

2020 《这就是街舞》
钟汉良战队吉祥物限定版

2020 《这就是街舞》
联名限定版带帽状态

2020 《这就是街舞》
联名黑金限定版

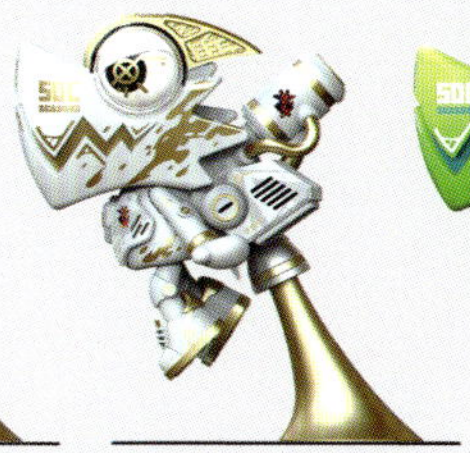

2020 《这就是街舞》
联名白金限定版

2020 《这就是街舞》
联名绿色限定版

2020 黑星小飞侠
WF 限定版

2020 闪电小飞侠
萤火虫限定版

2021 蒸汽朋克小飞侠
限定版

2021 蒸汽朋克小飞侠
萤火虫限定版

2021 蒸汽朋克小飞侠
（未上市方案）

2020 泰靓小飞侠
泰国 TTE 限定版

百威小飞侠
（未上市方案）

2021 MADBULL
狂牛飞侠

2021 SCAR 刀疤
小飞侠

2022 莫比乌斯小飞侠
（最终款）

W.U.F.NAVY

StarCollector HARDCORE-Q Limited Edition 201 **VFA-103 Squadron**

CVW-7 CRD "ACE KILLER" CO

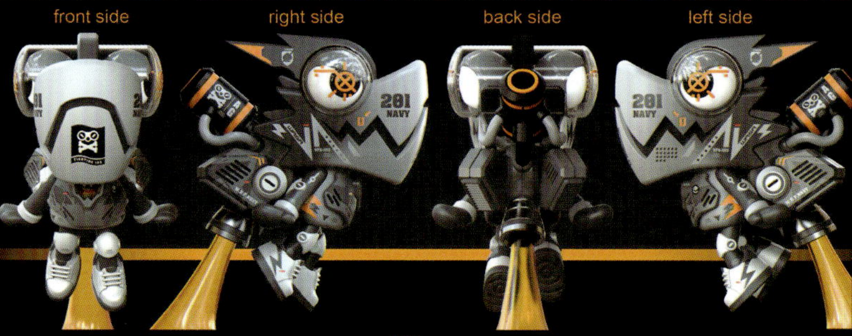

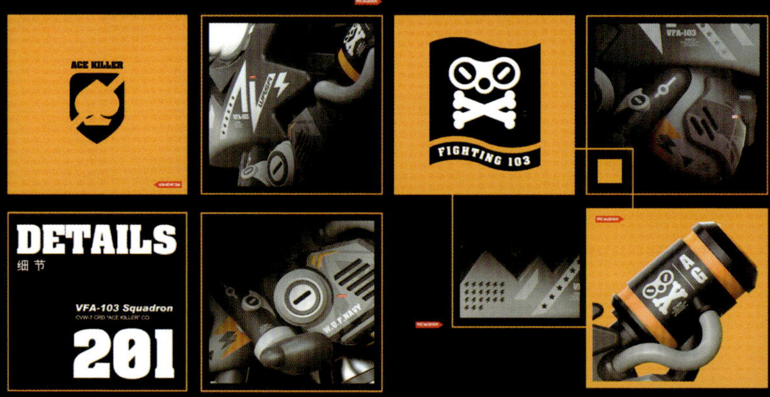

WAZZUP family
LAM TOYS
15cm
height
CHAMELEON
FLYINGbaby
03
HARDCORE-Q

WAZZUP family
MAD BULL
SFA101- "Daylight Reaper" combat team
FLYINGBABY
StarCollector
HARDCORE-Q
Limited Edition
BULLS
MAD BULL
StarCollector HARDCORE-Q
SFA101- "Daylight Reaper" combat team
Design by WAZZUPfamily @INSON-SONG & @HEBZ & @KERO

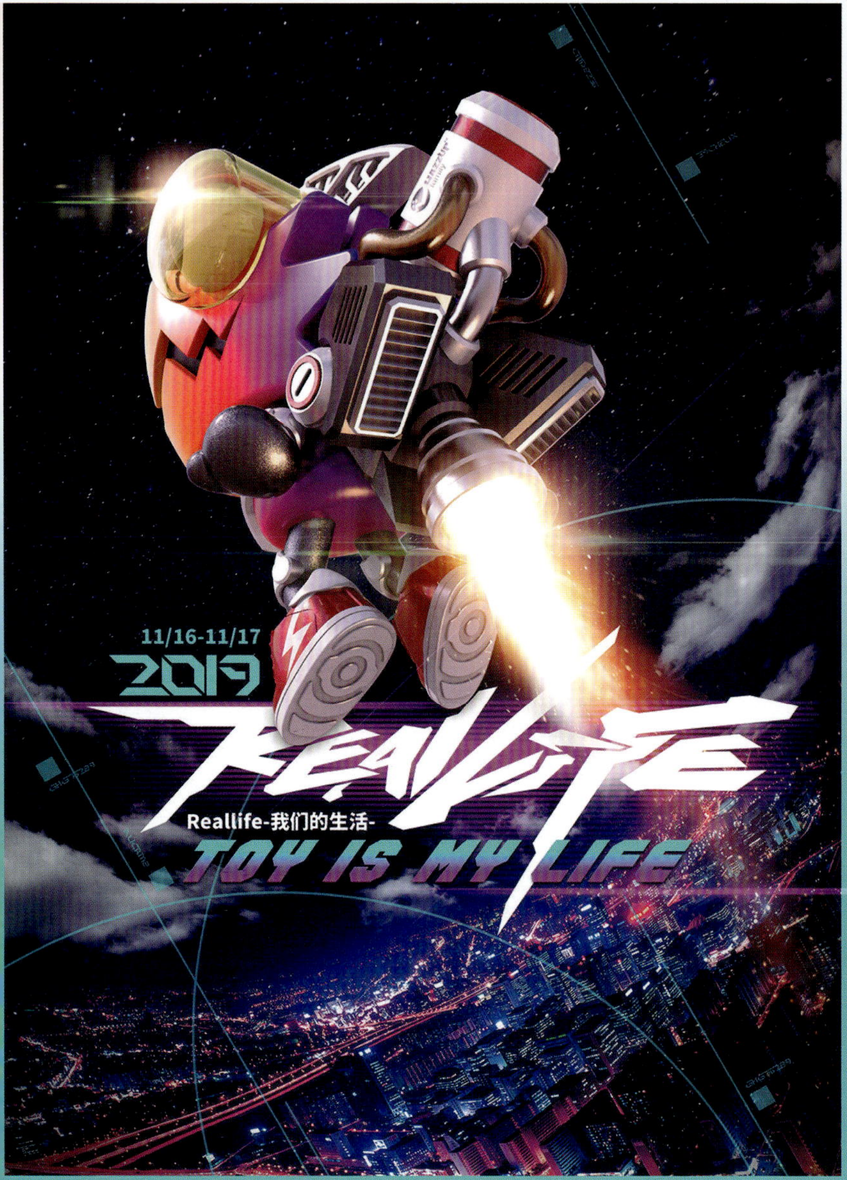

11/16-11/17
2019
Reallife-我们的生活-
TOY IS MY LIFE

終
ROBOTIC ARM VI
ULTIMATE
StarCollector
HARDCORE-Q
Limited Edition
MOBIUS
细节 DETAILS OF
* ROBOTIC ARM VI *
莫比乌斯
StarCollector HARDCORE-Q

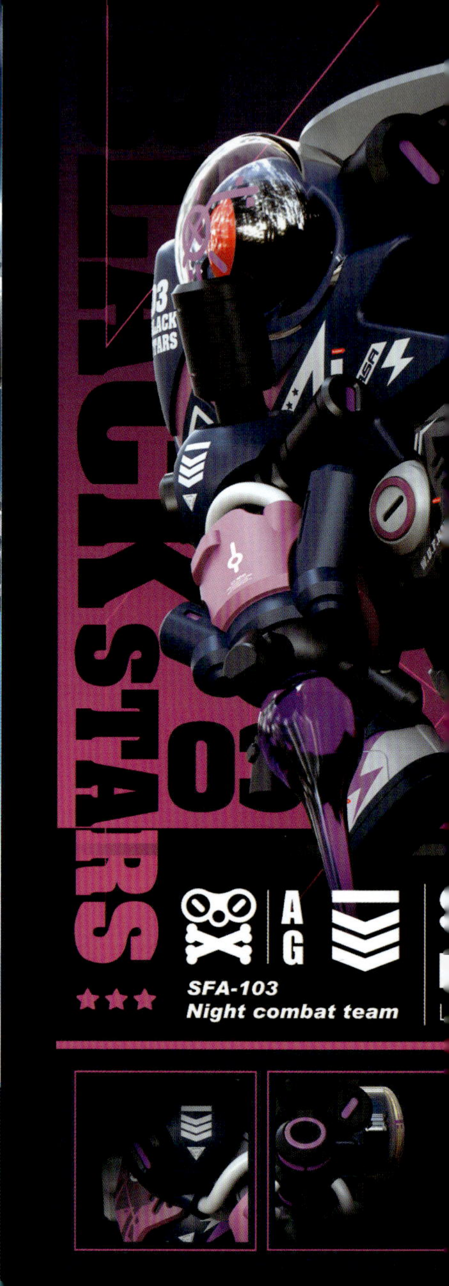

ACK STARS
03
A G
SFA-103
Night combat team

FLYINGBABY
tarCollector
ARDCORE-Q
ed Edition

新动力搭载
NEW POWER PACK
FLYINGBABY
StarCollector
HARDCORE-Q
Limited Edition

chameleon
FLYINGBABY
StarCollector
HARDCORE-Q
Limited Edition

WAZZUPbaby
BACK TO
OLD SCHOOL
2020
WAZZUPfamily

WAZZUP
family
A-206
ANTIMATTER ENGINES
GT206
RACING

- 飞车系列 -

全部已发售及未公开的中古飞车产品图。

2019 Mojito 中古飞车
通货版

2020 SHARK 战鲨 中古飞车
限定版

2021 GHOST 幽灵 中古飞车
限定版

2021 HOLA 碳酸喷射 中古飞车
限定版

2021 铁锈咆哮 中古飞车
WF 限定

2022 原子审判 中古飞车
限定版

2023 钢铁意志 中古飞车
限定版 最终款

BLUE 蓝调 中古飞车
（未上市方案）

SPARK 花火 中古飞车
（未上市方案）

SPECIAL COLORS Version

Limited Edition

HARDCORE-Q

VINTAGE CAR

SHARK

“ ...make toys no war... ”

EDITION

Limited Edition
GHOST
HARDCORE-Q
MTOYS
WAZZUP family

HARDCORE-Q
HOLA
GT206 RACING

- 航天龙 12cm 限定系列 -

全部已发售的 12cm 航天龙产品图。

Space206-SOLO

Space Fighter 泰空拳王
泰国限定版

发条机械
限定版

Space206-SPOCK

手冲大师
限定版

冬日雪怪
银泰 in 合作限定版

BOT

WAZZUP
baby Chameleon
STR
DATASET OFFLINE
DEF: NONE
WEP: STICK
Spock
&
Solo
NASA
HELLO
M2MSPACE206
1.1 billion mi /
1.7 billion km

CHAMELEON
WAZZUP
FAMILY

ESPRESSO
MASTER
WASAbaby SPACE206
Limited Edition
coffee
WASA
WASA
WASA®
WAZZUP family
© WASA ALL RIGHTS RESERVED

SPACE YETI
WAZZUPbaby Space 206
SPACE YETI
July 20, is a very special day that commemorates a very special event in the
history of mankind. It celebrates the day when man first walked on the Moon and it is marked as National Moon
Day. This was the day when Apollo 11 landed on Earth's only satellite at 20:17 PM of July 20, 1969.
"That one small step for man, one giant leap for mankind." - Neil Armstrong's first words from the moon were
heard all over the Earth on this day in 1969.
WAZZUP family

Limited Edition
实序
H-24 HALF CRUSH

HALLOWEEN
LIMITED EDITION
WAZZUP family
半机械 Half Crush
BLACK LABE 2016
半机械变色龙24cm限定版 · 猎梦

WASA COMPU-FAX SATELLITE
LIFE WAS LIKE A BOX
OF CHOCOLATES.
YOU NEVER KNOW
WHAT YOU'RE GONNA GET.
BACK TO THE WASA
WASA x XH5
NEVERGIVEU
GETTING BACK WA
ONLY THE BEGINNIN
WASSUP
#nevergiveup
©WASA ALL RIGHTS RESERVED
DESIGN BY WAZZUPFAMILY INSON-SONG & HEBZ & MATO
POSTER BY KARL RENDERING BY KANGO WRITE BY TREE GRAPHIC BY XIBU SUPERVISE BY KON SUPERVISE BY JOLIN PACKAGE BY FANGO
LIFE WAS LIKE A BOX OF CHOCOLATES.YOU NEVER KNOWWHAT YOU'RE GONNA GET.

- 抓马伯格 -

HalfCrush
H-16
Bug

HalfCrush
Bug

Bug
CHAMELEON
Limited Edition
WAZZUPbaby
HARDCORE
MECHANICAL
POWER
H-16
the
CHAMELEON
OF
WAZZUP
family
Half Crush
© WAZZUPfamily ALL RIGHTS RESRVED

- 圣诞限定款 -

MERRY 2019
Christmas
CHAMELEON
Limited Edition